数学思维秘籍

图解法学数学，很简单

7 经典题型

刘

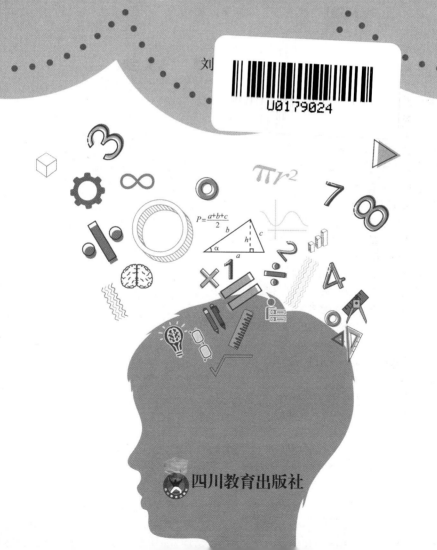

四川教育出版社

图书在版编目（CIP）数据

数学思维秘籍：图解法学数学，很简单. 7，经典题
型 / 刘薰宇著. -- 成都：四川教育出版社，2020.10
ISBN 978-7-5408-7414-8

Ⅰ. ①数… Ⅱ. ①刘… Ⅲ. ①数学—青少年读物
Ⅳ. ①O1-49

中国版本图书馆CIP数据核字(2020)第147834号

数学思维秘籍　图解法学数学，很简单　7 经典题型
SHUXUE SIWEI MIJI TUJIEFA XUE SHUXUE HEN JIANDAN 7 JINGDIAN TIXING

刘薰宇　著

出 品 人　雷　华
责任编辑　吴贵启
封面设计　郭红玲
版式设计　石　莉
责任校对　林蓓蓓
责任印制　高　怡
出版发行　四川教育出版社
地　　址　四川省成都市黄荆路13号
邮政编码　610225
网　　址　www.chuanjiaoshe.com
制　　作　大华文苑（北京）图书有限公司
印　　刷　三河市刚利印务有限公司
版　　次　2020年10月第1版
印　　次　2020年11月第1次印刷
成品规格　145mm×210mm
印　　张　4
书　　号　ISBN 978-7-5408-7414-8
定　　价　198.00元（全10册）

如发现质量问题，请与本社联系。总编室电话：（028）86259381
北京分社营销电话：（010）67692165　北京分社编辑中心电话：（010）67692156

前 言

  为了切实加强我国数学科学的教学与研究，科技部、教育部、中科院、自然科学基金委联合制定并印发了《关于加强数学科学研究工作方案》。方案中指出数学实力往往影响着国家实力，几乎所有的重大发现都与数学的发展与进步相关，数学已经成为航空航天、国防安全、生物医药、信息、能源、海洋、人工智能、先进制造等领域不可或缺的重要支撑。这充分表明国家对数学的高度重视。

  特别是随着大数据、云计算、人工智能时代的到来，在未来生活和生产中，数学更是与我们息息相关，数学科学和人才尤其重要。华为公司创始人兼总裁任正非曾公开表示："其实我们真正的突破是数学，手机、系统设备是以数学为中心。"

  数学是一门通用学科，是很多学科与科学的基础。在未来社会，数学将是提高竞争力的关键，也是国家和民族发展繁荣的抓手。所以，数学学习应当从娃娃抓起。

  同时，数学是一门逻辑性非常强而且非常抽象的学科。让数学变得生动有趣的关键，在于教师和家长能正确地引导孩子，精心设计数学教学和辅导，提高孩子的学习兴趣。在数学教学与辅导中，教师和家长应当采取多种方法，充分调动孩子的好奇心和求知欲，使孩子能够感受学习数学的乐趣和收获成功的喜悦，从而提高他们自主学习和解决问题的兴趣与热情。

　　为了激发广大少年儿童学习数学的兴趣，我们特别推出了《数学思维秘籍》丛书。它集中了我国著名数学教育家刘薰宇的数学教学经验与成果。刘薰宇老师1896年出生于贵阳，毕业于北京高等师范学校数理系，曾留学法国并在巴黎大学研究数学，回国后在许多大学任教。新中国成立后，刘老师曾担任人民教育出版社副总编辑等职。

　　刘老师曾参与审定我国中小学数学教科书，出版过科普读物，发表了大量数学教育方面的论文。著有《解析几何》《数学的园地》《数学趣味》《因数与因式》《马先生谈算学》等。他将数学和文学相结合，用图解法直接解答有关数学问题，非常生动有趣。特别是介绍数学理论与方法的文章，通俗易懂，既是很好的数学学习导入点，也是很好的数学启蒙读物，非常适合中小学生阅读。

　　刘老师的作品对著名物理学家、诺贝尔奖得主杨振宁，著名数学家、国家最高科学技术奖获得者谷超豪，著名数学家齐民友，著名作家、画家丰子恺等都产生过深远影响，他们都曾著文记述。杨振宁曾说，曾有一位刘薰宇先生，写过许多通俗易懂和极其有趣的数学文章，自己读了才知道排列和奇偶排列这些极为重要的数学概念。谷超豪曾说，刘薰宇的作品把他带入了一个全新的世界。

　　在当前全国掀起学习数学热潮的大好形势下，我们在忠实于原著的基础上，对部分语言进行了更新；对作品进行了拆分和优化组合，且配上了精美插图；更重要的是，增加了相应的公式定理、习题讲解、奥数试题、课外练习及参考答案等。对原著内容进行的丰富和拓展，使之更适合现代少年儿童阅读、理解和运用，从而更好地帮助孩子开拓数学思维。相信本书将对广大少年儿童、教师以及家长具有较强的启迪和指导作用。

目录

◆ 截长补短算平均

　　说得文气一点，就是平均算。这是我们很容易明白的，根本上只是一加一除的问题，我本来不曾想到提出这类问题。既然有人提出，而且马先生也解答了，姑且放一道例题在这里。

　　例：上等酒2斤（1斤＝500克），每斤35元；中等酒3斤，每斤30元；下等酒5斤，每斤20元。三种相混，每斤值多少钱？

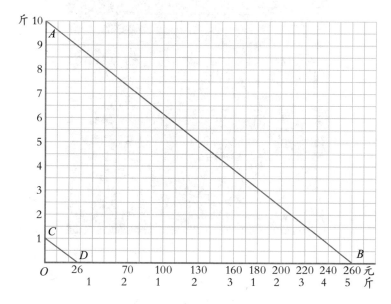

图 1-1

横线表示价格，纵线表示酒的质量。直线 AB 指出 10 斤酒一共的价钱，经过指示 1 斤的点 C，作直线 CD 平行于直线 AB 得点 D，指示出 1 斤酒的价钱是 26 元。

至于算法，更是明白：

$$(35 \times 2 + 30 \times 3 + 20 \times 5) \div (2 + 3 + 5) = 26 \text{（元/斤）}。$$

上等酒　中等酒　下等酒　　　　　　　︙

　　　└──────┘　　　　总斤数

　　　　总价

基本公式与例解

1. 基础概念与基本公式

（1）基础概念

截长补短算平均，通俗来讲，就是平均数的算法，是指几个不相等的同类数量通过截长补短，使它们完全相等，最后求得这几个数的平均数。

平均数是一个虚拟的数，也是小于最大值，大于最小值的数。平均数包括算术平均数、几何平均数、指数平均数等。小学数学里所讲的平均数一般是指算术平均数，也就是一组数据的和除以这组数据的个数。如平均速度、平均身高、平均产量、平均成绩等。

（2）基本公式

平均数＝总和÷个数

另一种表示方法：

$$\bar{x} = \frac{x_1 + x_2 + x_3 + x_4 + \cdots + x_n}{n}（n\,表示总的个数）$$

例1：某工厂两个生产小组进行制作海宝比赛。每位工人每小时的加工情况如下：

第一组：

姓名	张强	景晓丽	王红
数量/个	7	8	6

第二组：

姓名	董燕	赵勇	林伟华	刘艺
数量/个	3	7	4	10

①要比较哪一组工人会获胜，比总数公平吗？怎么比较才合理？

②哪一组工人会获胜呢？

①答：根据表格可知，两组工人的人数不一样，显然比较总数不公平。最合理的方法就是比较两组工人加工海宝的平均数。

②解：第一组工人平均加工海宝的数量：

$(7+8+6)÷3=7$（个）；

第二组工人平均加工海宝的数量：

$(3+7+4+10)÷4=6$（个）。

$7>6$，所以第一组工人获胜。

答：第一组工人会获胜。

例2：班级里举办歌唱比赛，评分规则是：去掉一个最高分和一个最低分后求平均数。你知道1号选手的最后得分是多少吗？

评委	李	吴	王	刘	赵	孙	张	得分
1号选手	100	93	95	81	92	96	94	

解：最高分是100，最低分是81。

平均分是 $(93+95+92+96+94)÷5=94$（分）。

答：1号选手的最后得分是94分。

2. 强化训练

（1）公式

$$总数量 ÷ 总份数 = 平均数$$
$$总数量 ÷ 平均数 = 总份数$$
$$平均数 × 总份数 = 总数量$$

（2）思维训练

①公式法解题

例1：三个数的平均数是120，加上多少后，这四个数的平均数是150？

分析：根据平均数的公式"平均数×总份数=总数量"，用120×3、150×4，分别求出这三个数和这四个数的和，两者相减，就可以求出这个数是多少，列式解答即可。

解：$150 × 4 - 120 × 3$

　　$= 600 - 360$

　　$= 240$。

答：加上240后，这四个数的平均数是150。

②等式代换法解题

例2：甲、乙两个数的平均数是30；乙、丙两个数的平均数是34；甲、丙两个数的平均数是32。甲、乙、丙三个数各是多少呢？

分析：解答较复杂的平均数问题，尤其是涉及多个变量时，往往采用列方程的方式解答，也就是根据题意，找出等量关系，之后用代换的方法，常用的未知数有"x""y""z"。

解：设甲数为 x，乙数为 y，丙数为 z。由题意，得

$$\begin{cases} (x+y) \div 2 = 30, \\ (y+z) \div 2 = 34, \\ (x+z) \div 2 = 32, \end{cases}$$

解得 $\begin{cases} x=28, \\ y=32, \\ z=36。 \end{cases}$

答：甲数是28，乙数是32，丙数是36。

③移多补少法解题

例3：一些人租几辆大客车去游玩，平均每人应付车费40元。后来又增加了8人，这样平均每人应付车费35元。租车费是多少元？

分析：增加了8人，平均每人应付的车费是35元，假设原来平均就是35元，这8人的钱就是比原来多出的钱，多了 $35 \times 8 = 280$（元），前后平均多了 $40 - 35 = 5$（元），看看280元里面有几个5元，原来就有多少人，则人数为 $280 \div 5 = 56$（人），租车费为 $40 \times 56 = 2240$（元）。

解：原来人数为：

$$35 \times 8 \div (40-35)$$
$$=280 \div 5$$
$$=56（人），$$

租车费为：$40 \times 56 = 2240$（元）。

答：租车费是2240元。

应用习题与解析

1. 基础练习题

（1）小红测试一分钟跳绳的数量，前四次跳的数量分别是：180下、180下、175下、185下，第五次跳的数量比全部五次跳的数量的平均数还多32下。全部五次跳的平均数是多少下？

考点：求平均数问题，运用公式法和等式代换法解题。

分析：可以设第五次跳了 x 下，首先可以求出前四次跳的总数，根据"第五次跳的数量比全部五次跳的数量的平均数还多32下"列出等式，即可求出第五次跳的数量，进而就能求出全部五次跳的平均数。

解：$180+180+175+185=720$（下）。

设第五次跳了 x 次，由题意，得

$$x-(720+x)\div 5=32,$$

$$\frac{4}{5}x=176,$$

$$x=220。$$

$$(720+220)\div 5$$

$$=940\div 5$$

$$=188（下）。$$

答：全部五次跳的平均数是188下。

（2）五次实验结果的记录中，平均值是90，中间值是91，出现次数最多的数据是94。那么五次实验中，最小的两个数据之和是多少？

考点：求平均数问题。

分析：因为平均值是 90 ，所以五个数的和为 450 ，又因为 94 出现的次数最多，中间值是 91 ，要求最小的两个数据之和，所以 94 最多出现 2 次。所以最小的两个数据之和为 $450-94-94-91=171$ 。

解：$90 \times 5 - 94 - 94 - 91$

　　$=450-(94+94+91)$

　　$=450-279$

　　$=171$ 。

答：最小的两个数据之和是 171 。

（3）明明所在的班进行了一次数学测验，明明考了 62 分。不算明明的成绩，其余同学的平均分是 98 分，如果算上明明的成绩，全班平均分是 97 分。全班共有多少名学生？

考点：利用平均数解决问题。

分析：先设全班共有 x 名学生，如不算明明，其余同学总成绩为 $98(x-1)$ 分，只要再加上明明的成绩就是全班总成绩；如果算上明明的成绩，那么全班总成绩为 $97x$ 分。列出方程求解即可。

解：设全班共有 x 名学生。由题意，得

　　$98(x-1)+62=97x$ ，

　　　$98x-98+62=97x$ ，

　　　　　$98x-97x=98-62$ ，

　　　　　　　　$x=36$ 。

答：全班共有 36 名学生。

（4）把五个数从小到大排列，其平均数是 42 ，前三个数

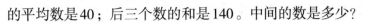

的平均数是40；后三个数的和是140。中间的数是多少?

考点：平均数的含义及求平均数的方法。

分析：根据"平均数×数量＝总数"分别求出前三个数的和与五个数的和，进而根据"前三个数的和＋后三个数的和－五个数的和＝中间的数"解答即可。

解： $40 \times 3 + 140 - 42 \times 5$

　　$= 120 + 140 - 210$

　　$= 260 - 210$

　　$= 50$ 。

答：中间的数是50。

（5）五（1）班原有女生20人，她们的平均体重为36千克，后来又转入两名女生，这两名女生的体重分别为32千克和37.8千克。求这个班现在女生的平均体重。

考点：平均数的应用。

分析：求这个班现在女生的平均体重，用现在女生的总质量除以总人数即可。而现在女生的总质量等于原来女生的总质量加上后来两名女生的总质量，现在的总人数等于原来的总人数加2。

解：（$36 \times 20 + 32 + 37.8$）÷（$20 + 2$）

　　＝（$720 + 32 + 37.8$）÷（$20 + 2$）

　　＝$789.8 \div 22$

　　＝35.9（千克）。

答：这个班现在女生的平均体重是35.9千克。

（6）一台拖拉机上午工作5小时，平均每小时耕地15亩（1公顷＝15亩）；下午工作3小时，共耕地36亩。拖拉机一天平均每小时耕地多少亩?

考点: 本题是平均数题目中的平均功效问题,其本质与求平均数的方式一样。

分析: 由平均工效的概念可知,平均功效为全部工程量除以全部时间。

解: (15×5+36)÷(5+3)

  =111÷8

  =13.875(亩)。

答: 拖拉机一天平均每小时耕地13.875亩。

(7)有五个数,它们的平均数是5,如果把其中一个数改为2,这五个数的平均数为4。这个被改动的数原来是几?

考点: 平均数的含义以及求法的应用。

分析: 首先分别求出原来五个数以及后来五个数的和是多少;然后用原来五个数的和减去后来五个数的和,求出它们的差,再加上2,即为所求。

解: 5×5-4×5+2

  =25-20+2

  =27-20

  =7。

答: 这个被改动的数原来是7。

(8)有甲、乙、丙、丁四个少先队小队拾树种子,乙、丙、丁三队平均每队拾24千克,甲、乙、丙三队平均每队拾26千克。已知丁队拾28千克,甲队拾多少千克?

考点: 平均数的含义及对平均数解题方法的灵活运用。

分析: 先求出甲、乙、丙三队一共拾树种的质量,再算

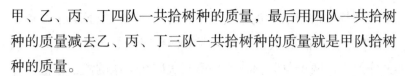

甲、乙、丙、丁四队一共拾树种的质量，最后用四队一共拾树种的质量减去乙、丙、丁三队一共拾树种的质量就是甲队拾树种的质量。

解： $26 \times 3 + 28 - 24 \times 3$

$= 78 + 28 - 72$

$= 106 - 72$

$= 34$（千克）。

答：甲队拾34千克。

2. 巩固提高题

（1）小明参加了三次测验，前两次测验的平均成绩是93分，三次测验的平均成绩是95分。小明第三次测验得了多少分？

考点：利用平均数解决问题。

分析：先根据"平均成绩×测验次数＝总成绩"分别求出三次考试的总成绩与前两次考试的总成绩，进而根据"三次考试的总成绩－前两次考试的总成绩＝第三次所考的成绩"进行解答即可。

解： $95 \times 3 - 93 \times 2$

$= 285 - 186$

$= 99$（分）。

答：小明第三次测验得了99分。

（2）小明参加了四次语文测验，平均成绩是68分。他想在下一次语文测验后，将五次的平均成绩提高到不低于70分。那么，在下次测验中，他至少要得多少分？

考点：利用平均数解决问题。

分析：假设五次的平均分是70分，那么总分就是70×5＝350（分），前四次的平均分是68分，则总分是68×4＝272（分），这两个总分相减就是第五次即在下次的测验中他至少要得的分数。

解： $70 \times 5 - 68 \times 4$

　　　 $= 350 - 272$

　　　 $= 78$ （分）。

答：在下次测验中，他至少要得78分。

（3）小明参加了三次数学测试，第一次得了90分；第二次得了96分；第三次比第二次成绩好，但不超过99分。请估计小明这三次的平均成绩在哪个范围。

考点：利用平均数解决问题。

分析：根据"第二次得了96分，第三次比第二次成绩好"，可以知道第三次的成绩大于96分；再由题中条件知第三次的成绩不超过99分。所以小明第三次的成绩在96分到99分之间。由此根据平均数的意义即可求出小明这三次的平均成绩的范围。

解：假设小明第三次的成绩是96分，则平均成绩是：

　　　（90＋96＋96）÷3

　　　＝282÷3

　　　＝94（分），

假设小明第三次的成绩是99分，则平均成绩是：

　　　（90＋96＋99）÷3

　　　＝285÷3

　　　＝95（分）。

答：小明这三次的平均成绩在94分到95分之间。

（4）在一次数学竞赛中，甲队的平均分为75分，乙队的平均分为73分，两队全体同学的平均分为73.5分。又知乙队比甲队多6人，乙队有多少人？

考点：本题目主要考查的是平均数问题，采用等式代换法进行解答。

分析：根据"乙队比甲队多6人"，可设甲队有 x 人，那么乙队就有（$x+6$）人。甲、乙两队的平均分以及总的平均分都已知，那么可列等式：$75x+73(x+6)=73.5(x+x+6)$，然后求解即可。

解：设甲队有 x 人，那么乙队有（$x+6$）人。由题意，得

$$75x+73(x+6)=73.5(x+x+6)，$$

$$148x+438=147x+441，$$

$$x=3。$$

$$x+6=3+6=9。$$

答：乙队有9人。

（5）图1.2–1中"○"内分别有 A、B、C、D、E 五个数；"□"内的数表示与它相连的所有"○"中的数的平均数。那么 C 等于多少呢？

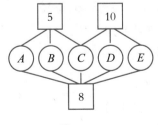

图1.2–1

考点：平均数的意义。

分析：根据"平均数×数量=总数"分别计算出 A、B、C 三个数的和，C、D、E 三个数的和与这五个数的和，进而根据"$C=A$、B、C 三个数的和 + C、D、E 三个数的和 - 这五个数的和"进行解答即可。

解：$(5 \times 3 + 10 \times 3) - 8 \times 5$

$= 45 - 40$

$= 5$。

答：C 等于 5。

（6）摄影师为第一小队同学拍摄集体照，一张底片和三张照片共收成本费2.70元，加印一张照片收费0.40元，第一小队有15名同学。如果每人要一张照片（底片费由15人共同分担），那么每人应付多少元？

考点：平均数和乘法、除法的意义的应用。

分析：首先根据"总价=单价×数量"，用需要加洗的照片的数量乘单价，求出加洗费用是多少；然后用加洗费用加上最初三张照片和一张底片的费用，求出一共需要多少钱；最后用一共需要的钱除以学生的人数，求出平均每人应付多少元。据此解答即可。

解：$[0.40 \times (15 - 3) + 2.70] \div 15$

$= [4.80 + 2.70] \div 15$

$= 7.50 \div 15$

$= 0.50$（元）。

答：平均每人应付0.50元。

奥数习题与解析

1. 基础训练题

（1）某旅游团租一辆大客车去旅游，租车费由乘车人平均分担，结果乘车人数与每人应付车费的钱数恰好相等。后来又增加了10人，这样每人应付车费比原来少了6元。这辆车的租车费是多少元？

分析：该题等量关系式是：原来每人应付的车费×原来的乘车人数＝后来每人应付的车费×后来的乘车人数，即租车费不变。根据此等量关系式列方程解答即可。

解：设原来的乘车人数是x人，根据题意列方程，得

$$x^2 = (x-6)(x+10),$$
$$x^2 = x^2 + 10x - 6x - 60,$$
$$4x - 60 = 0,$$
$$x = 15。$$
$$15 \times 15 = 225（元）。$$

答：这辆车的租车费是225元。

（2）李小宁参加了六次测试，第三和第四次的平均分比前两次的平均分多2分，比后两次的平均分少2分。如果后三次的平均分比前三次的平均分多3分，那么第四次比第三次多得多少分？

分析：设第三次和第四次的得分分别为x、y，根据第三、四次的分数和已知条件可分别表示出前三次的总分和后三次的总分，然后根据等量关系列方程解答。

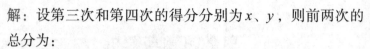

解：设第三次和第四次的得分分别为 x、y，则前两次的总分为：

$$[(x+y)\div 2-2]\times 2=x+y-4;$$

后两次的总分为：

$$[(x+y)\div 2+2]\times 2=x+y+4。$$

$$(x+y+4+y)-(x+y-4+x)=3\times 3，得 y-x=1。$$

答：第四次比第三次多得1分。

（3）小兔子采蘑菇，晴天每天能采40朵，雨天每天只能采24朵，它一连几天共采了224朵蘑菇，平均每天采28朵。这几天中有几天是下雨天？

分析：设这几天中有 x 天是下雨天，则有（$224\div 28-x$）天是晴天；再根据"晴天每天能采的朵数×晴天的天数+雨天每天能采的朵数×雨天的天数=224"，列出方程解决问题。

解：设这几天中有 x 天是下雨天，则有（$224\div 28-x$）天是晴天。由题意，得

$$24x+40\times(224\div 28-x)=224，$$
$$24x+40\times(8-x)=224，$$
$$24x+320-40x=224，$$
$$40x-24x=320-224，$$
$$16x=96，$$
$$x=6。$$

答：这几天中有6天是下雨天。

（4）小明和他的11位同学参加数学考试，他11位同学的平均成绩是87分，小明的成绩比12人的平均成绩高5.5分。小明的成绩是多少？

分析：根据题目中的等式条件"小明的成绩比12人的平均成绩高5.5分"，列出方程解答。

解：设小明的成绩为x分，总成绩为$(87 \times 11 + x)$分。由题意，得

$$x - (87 \times 11 + x) \div 12 = 5.5,$$

解得$x = 93$。

答：小明的成绩是93分。

2. 拓展训练题

（1）某工程队前4天平均每天筑路80米，增加工人后，第5天筑路100米。这个工程队这5天平均每天筑路多少米？

分析：方法一，先求出这个工程队这5天筑路的总长度，再求出这个工程队这5天平均每天筑路的长度。

方法二，从"移多补少法"的角度考虑。由于前4天筑路的平均数小于第5天筑路的长度，所以把前4天的平均数80米看作是基数，然后把第5天多筑的（$100-80$）米平均分成5份，用4份补进到前4天的平均数中去，留1份在第5天，从而求出这5天平均每天筑路的长度。

解：（方法一）5天筑路的总长度：

$$80 \times 4 + 100 = 420（米），$$

平均每天筑路的长度：

$$420 \div 5 = 84（米）。$$

（方法二）前4天筑路的平均数为80米，由于前4天筑路的平均数小于第5天筑路的长度，且第5天筑路100米，所以第5天多筑了$100-80=20$（米）。

$$20 \div 5 = 4（米），$$

80+4=84（米）。

答：这个工程队这5天平均每天筑路84米。

（2）淘气在期末考试中语文、英语和科学的平均分是81分，数学成绩公布后，四门成绩的平均分提高了2分。淘气数学考了多少分？

分析：方法一，用"移多补少法"。数学成绩公布后，四门成绩的平均分提高了2分，就是说四门成绩一共提高了：$2×4=8$（分），而这8分都是从数学成绩上补上的，所以数学成绩为：$81+8=89$（分）。

方法二，采用列方程解答的方式。淘气在期末考试中语文、英语和科学的平均分是81分，所以这三门的总成绩是：$81×3=243$（分）；因为数学成绩公布后，四门成绩的平均分提高了2分，所以四门成绩的平均数为：$81+2=83$（分）。设数学成绩为x分，由题意可列方程：$(81×3+x)÷4=81+2$，解方程即可。

解：（方法一）数学成绩公布后，四门成绩的平均分提高了2分，就是说四门成绩一共提高了：

$2×4=8$（分）。

这8分必须高出其他三门的平均分才能保证总平均分高出2分，所以数学成绩为：

$81+8=89$（分）。

（方法二）设数学成绩为x分，由题意，得

$(81×3+x)÷4=81+2$，

$243+x=83×4$，

$x=89$。

答：淘气数学考了89分。

（3）学校组织学生去旅行，同样价格的小点心小青买了8包，小红买了7包，小兰没有买。午餐时三个人把点心平均分吃。小兰算了算拿出4.5元交给她俩，小青应收回多少元？小红应收回多少元？

分析：方法一，她们一共买了（8+7）包点心，平均每人吃了（8+7）÷3=5（包）；小兰拿出4.5元给她俩，相当于每人花了4.5元。则每包点心的价格为4.5÷5=0.9（元）。所以应该给小青0.9×（8-5）=2.7（元），给小红0.9×（7-5）=1.8（元）。

方法二，设小青应收回x元，那么小红应收回（4.5-x）元，所以根据每包点心的价格相同，可列方程：$x÷[8-（8+7）÷3]=（4.5-x）÷[7-（8+7）÷3]$，解方程可得出小青应收回的钱，之后小红应收回的钱也能算出。

解：（方法一）她们平均每人吃了（8+7）÷3=5（包），

每包的价格为4.5÷5=0.9（元）。

小青应收回的钱为0.9×（8-5）=2.7（元），

小红应收回的钱为0.9×（7-5）=1.8（元）。

（方法二）设小青应收回x元，则小红应收回（4.5-x）元。由题意，得

$x÷[8-（8+7）÷3]=（4.5-x）÷[7-（8+7）÷3]$。

解得$x=2.7$。

4.5-2.7=1.8（元）。

答：小青应收回2.7元，小红应收回1.8元。

课外练习与答案

1. 基础练习题

（1）为民商店去年四季度三个月的营业额分别是 15 846.8 元、17 036.64 元和 18 574.06 元。平均每个月的营业额是多少元？

（2）小明参加了若干次数学测验，其中一次的成绩是 7 和 9 构成的两位数，如果是 97 分，那么他的平均分是 90 分；如果是 79 分，那么他的平均分为 88 分。小明参加数学测验的次数是多少？

（3）小英 4 次语文测验的平均成绩是 89 分，第 5 次测验得了 94 分。她 5 次测验的平均成绩是多少？

（4）五（1）班有学生 48 人，共植树 99 棵；五（2）班有学生 42 人，共植树 126 棵。这两个班平均每人植树多少棵？

（5）一辆汽车给工厂运送原料，上午运了 4 次，共运 25 吨；下午运了 5 次，比上午多运 7 吨。平均每次运送多少吨原料？（用分数表示）

（6）四（1）班分两个小组进行一分钟跳绳比赛，第一组 18 人，一共跳了 2160 下；第二小组 22 人，平均每人跳了 124 下。这个班平均每人跳了多少下？

（7）有 6 个数，平均数是 8。如果把其中一个数改成 2，这 6 个数的平均数为 6。这个改动的数原来是多少？

（8）丙数是甲、乙两数平均数的 $\dfrac{6}{7}$，甲、乙两数的和是 924。甲、乙、丙三数的平均数是多少？

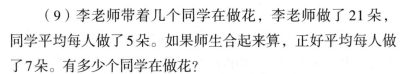

（9）李老师带着几个同学在做花，李老师做了21朵，同学平均每人做了5朵。如果师生合起来算，正好平均每人做了7朵。有多少个同学在做花？

2. 提高练习题

（1）五位裁判员给一名体操队员打分，去掉一个最高分和一个最低分，平均得9.58分；只去掉一个最低分，平均得9.66分；只去掉一个最高分，平均得9.46分。最高分和最低分各是多少？

（2）暑假大学生军训，上午行军4.5小时，平均每小时走4.6千米，下午2.5小时又行军10.1千米。这一天平均每小时走多少千米？

（3）用一辆汽车运两堆煤，第一堆28吨，第二堆21吨。这辆汽车第一天运了4次，第二天运了3次，正好把这两堆煤运完。平均每次运多少吨？

（4）承包小组给小麦施肥，第一块地4公顷，每公顷施肥0.39吨；第二块地3公顷，共施肥1.31吨。平均每公顷地施肥多少吨？

（5）四个数的平均数是34，如果把这四个数排成一列，那么前三个数的平均数是30，后两个数的平均数是36。第三个数是多少？

（6）下面的方框内分别有五个数，其中3是A、B、C的平均数；7是C、D、E的平均数；6是五个数的平均数。C是多少？

A	B	C	D	E

（7）五（1）班同学数学考试的平均成绩是91.5分，事后复查发现计算成绩时将一位同学的98分误作89分计算了。经重新计算后，全班的平均成绩是91.7分。五（1）班有多少名学生？

（8）甲、乙、丙、丁四位同学，在一次考试中四人的平均成绩是90分。可是，甲在抄成绩时，把自己的成绩错抄成了87分，因此算得四人的平均成绩为88分。甲在这次考试中的成绩是多少分？

3. 经典练习题

（1）小型化肥厂开展节水活动，上星期前3天平均每天节约水2.4吨，后4天共节约水20.1吨。上个星期平均每天节约水多少吨？

（2）筑路队六月份修一条公路，前12天共修2400米，后18天平均每天修250米。筑路队六月份平均每天修公路多少米？

（3）某校六年级共三个班，都参加数学竞赛。一班有40人参加，平均91分；二班有38人参加，平均92.5分；三班有39人参加，平均91.8分。这次数学竞赛六年级的平均分约是多少？（得数保留两位小数）

（4）一次测验，王英的成绩是：语文94分，比数学少4分；英语90分；科学成绩和英语成绩相同。王英的平均成绩是多少分？

（5）有甲、乙、丙、丁四个采茶叶小队，甲、乙、丙三个小队平均每队采20千克，甲、乙、丙、丁四个小队平均每队采22千克。丁队采了多少千克？

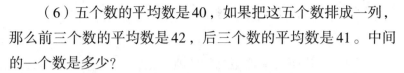

（6）五个数的平均数是40，如果把这五个数排成一列，那么前三个数的平均数是42，后三个数的平均数是41。中间的一个数是多少？

（7）化肥厂计划用15天生产化肥4500吨，前5天平均每天生产340吨，后来提高了产量，结果提前3天就完了任务。后几天平均每天生产化肥多少吨？

（8）把甲级和乙级糖混在一起，平均每千克7元。已知甲级糖有4千克，乙级糖有2千克。如果甲级糖每千克8元，那么乙级糖每千克多少元？

答　案

1．基础练习题

（1）平均每个月的营业额是17 152.5元。

（2）小明参加数学测验的次数是9次。

（3）她5次测验的平均成绩是90分。

（4）这两个班平均每人植树2.5棵。

（5）平均每次运送 $\frac{19}{3}$ 吨原料。

（6）这个班平均每人跳了122.2下。

（7）这个改动的数原来是14。

（8）甲、乙、丙三数的平均数是440。

（9）有7个同学在做花。

2．提高练习题

（1）最高分是9.90分；最低分是9.10分。

（2）这一天平均每小时走4.4千米。

（3）平均每次运7吨。

（4）平均每公顷地施肥0.41吨。

（5）第三个数是26。

（6）C是0。

（7）五（1）班有45名学生。

（8）甲在这次考试中的成绩是95分。

3. **经典练习题**

（1）上个星期平均每天节约水3.9吨。

（2）筑路队六月份平均每天修公路230米。

（3）这次数学竞赛六年级的平均分约是91.75分。

（4）王英的平均成绩是93分。

（5）丁队采了28千克。

（6）中间的一个数是49。

（7）后几天平均每天生产化肥400吨。

（8）乙级糖每千克5元。

◆ 首尾相接算间隔

回答栽树的问题，马先生就只是说："'五个指头四个叉'，你们自己去想吧！"

其实呢，马先生也这样说："割鸡用不到牛刀，解答这类题，只要按照题意画一个草图就可以明白，不必像前面一样大动干戈了！"

例1：在60米长的道路一侧，从头到尾，每隔2米植1棵树，共植树多少棵？

图 2-1

$60 \div 2 + 1 = 31$（棵）

例2：在周长为10米的水池周围，每隔2米立1根柱子，共立几根柱子？

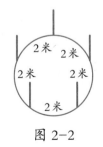

图 2-2

$10 \div 2 = 5$（根）

例3：3米长的梯子，每根横木相隔0.3米，有几根横木？（两端用不到横木）

图 2-3

$3 \div 0.3 - 1 = 9$（根）

基本公式与例解

首尾相接算间隔其实就是植树问题。按相等的距离植树，在全长、棵距、棵数这三个量之间，已知其中的两个量，要求第三个量，这类应用题便是植树问题。

1. 在线段上的植树问题

（1）如果植树线路的两端都要植树，那么植树的棵数应比间隔数多1，即

$$棵数 = 间隔数 + 1$$

（2）如果植树的线路只有一端要植树，那么植树的棵数和间隔数相等，即

$$棵数 = 间隔数$$

（3）如果植树线路的两端都不植树，那么植树的棵数比间隔数少1，即

$$棵数 = 间隔数 - 1$$

（4）如果植树线路的两边与两端都植树，那么植树的棵数应为间隔数加1再乘2，即

$$棵树 = (间隔数 + 1) \times 2$$

2. 封闭线路上的植树问题

植树的棵数与间隔数相等，即

$$棵数 = 间隔数 = 周长 \div 棵距$$

数学思维秘籍

3. 非封闭线路上的植树问题

"1. 在线段上的植树问题"也属于非封闭线路上的植树问题，此类问题主要可以分为以下两种情形：

（1）如果在非封闭线路的两端都要植树，那么：

$$棵数 = 间隔数 + 1 = 全长 ÷ 棵距 + 1$$

$$全长 = 棵距 × （棵数 - 1）$$

$$棵距 = 全长 ÷ （棵数 - 1）$$

（2）如果在非封闭线路的一端要植树，另一端不要植树，那么：

$$棵数 = 间隔数 = 全长 ÷ 棵距$$

$$全长 = 棵距 × 棵数$$

$$棵距 = 全长 ÷ 棵数$$

例1：在一条长30米的路的一边植树，每隔6米植一棵，一共需要几棵树？

分析：这是一道单边两端植树例题。棵数 = 全长 ÷ 棵距 + 1。

解：$30 ÷ 6 + 1 = 6$（棵）。

答：一共需要6棵树。

例2：在一条公路的两边植树，每隔5米植一棵，植到头还剩3棵；每隔4米植一棵，植到头还缺少37棵。求这条公路的长度。

分析：这是一道直线场地植树例题。可以用解盈亏问题的思路来考虑：首先，我们在两边起点处各植一棵树，这两棵树与路长没有关系，以后每植一棵树，不论植在哪一边，植树的路线（不是路）就增加一个棵距，为了简单起见，我们按单边植树来考虑。

解：当按5米的棵距植树时，最后剩下3棵，也就是说植树路线的长度要比全长长出3个棵距，即

5×3＝15（米）；

当按4米的棵距植树时，最后还缺少37棵，也就是说植树路线的长度比全长短了37个棵距，即

4×37＝148（米）。

两次植树路线的长度相差：

15＋148＝163（米），

两次植树的间距相差：

5－4＝1（米）。

树的棵数（不包括起点的2棵）为：

163÷1＝163（棵）。

植树路线的长度为：

5×（163－3）＝800（米）

或4×（163＋37）＝800（米）。

因为是两边植树，所以路长为：

800÷2＝400（米）。

综合算式为：

5×[（5×3＋4×37）÷（5－4）－3]÷2＝400（米）

或4×[（5×3＋4×37）÷（5－4）＋37]÷2＝400（米）。

答：这条公路的长度为400米。

例3：有一个圆形花坛，绕它走一圈是180米。如果在花

坛周围每隔9米栽一株丁香花，再在每相邻的两株丁香花之间等距离地栽两株月季花。可栽丁香花多少株？可栽月季花多少株？每两株相邻的月季花之间相距多少米？

分析：这是一道圆形场地植树例题。先根据棵数＝全长÷间隔数求出栽丁香花的数量，再计算栽月季花的数量。

解：可栽丁香花的数量为：

$180 \div 9 = 20$（株）。

因为是在每相邻的两株丁香花之间栽两株月季花，丁香花的株数与丁香花之间的间隔数相等，

所以可栽月季花的数量为：

$2 \times 20 = 40$（株）。

因为两株丁香花之间的两株月季花是紧相邻的，而两株丁香花之间的距离被两株月季花分为3等份，

所以相邻两株月季花之间的距离为：

$9 \div 3 = 3$（米）。

答：可栽丁香花20株，可栽月季花40株，两株相邻月季花之间相距3米。

4. 不同形状地段植树的计算公式

①线形植树棵数＝全长÷棵距＋1

②环形植树棵数＝全长÷棵距

③方形植树棵数＝全长÷棵距

④正多边形植树棵数＝全长÷棵距＝（每边的棵数－1）×边数

⑤三角形植树棵数＝全长÷棵距＝（每边的棵

数－1）×3

（注：③④⑤为顶点处有树的情况）

例：一块长方形地，长为60米，宽为30米，要在四边上植树，株距6米，四个角上各有一棵，共植树多少棵？

分析：这是一道长方形场地植树例题。

解：长方形的周长为：

（60＋30）×2＝180（米），

株距为6米，封闭图形，根据公式，共植树：

180÷6＝30（棵）。

答：共植树30棵。

应用习题与解析

1. 基础练习题

（1）学校有一条长60米的小道，计划在道路的一边栽树。

①若每隔3米栽一棵，则有多少个间隔呢？

②如果两端都各栽一棵树，那么共需多少棵树苗？

③如果两端都不栽树，那么共需多少棵树苗？

④如果只有一端栽树，那么共需多少棵树苗？

考点：线段上的植树问题。

分析：先用60÷3求出有20个间隔，再根据在一条线段上植树问题的三种情况的数学模型来解答：如果两端都植树，棵数＝间隔数＋1；如果两端都不植树，棵数＝间隔数－1；如果一端植一端不植，棵数＝间隔数。

解：①$60 \div 3 = 20$（个）。

②$20 + 1 = 21$（棵）。

③$20 - 1 = 19$（棵）。

④$19 + 1 = 20$（棵）。

答：①每隔3米栽一棵，有20个间隔；

②两端各栽一棵树，共需21棵树苗；

③两端都不栽树，共需19棵树苗；

④只有一端栽树，共需20棵树苗。

（2）把10根橡皮筋连接成一个圈，需要打多少个结呢?

考点：封闭曲线上的植树问题。

分析：首先明确这道题是在封闭曲线上的植树问题，有10根橡皮筋相当于间隔数是10，打结的个数就相当于植树棵数。

解：因为在封闭曲线上间隔数＝植树棵数，所以把10根橡皮筋连接成一个圈，需要打10个结。

答：需要打10个结。

（3）在一个正方形的每条边上摆4枚棋子，四条边上最多能摆多少枚棋子呢?最少能摆多少枚棋子呢?

考点：封闭图形的植树问题。

分析：正方形每条边上摆4枚棋子，有两种摆法：四个角都摆棋子和四个角都不摆棋子。当四个角都不摆棋子时，四条边上摆的棋子最多，一共能摆$4 \times 4 = 16$（枚）棋子；当四个角都摆棋子时，角上的棋子同时属于相邻的两条边，这时摆的棋子总数最少，要减去角上重复的4枚棋子，所以最少能摆$4 \times 4 - 4 = 12$（枚）棋子。

解：$4×4=16$（枚）；

$4×4-4=12$（枚）。

答：四条边上最多能摆16枚棋子，最少能摆12枚棋子。

（4）豆豆和玲玲住同一幢楼同一个单元，每层楼之间有20级台阶，豆豆住二楼，玲玲住五楼。豆豆要从自己家到玲玲家去找她玩，需要走多少级台阶呢？

考点：数学模型的逆向应用问题。

分析：每层楼之间有20级台阶，相当于间隔是20；从二楼到五楼有3个间隔，求需要走多少级台阶也就是求总数，所以用$20×3$，得到答案为60。

解：$20×3=60$（级）。

答：需要走60级台阶。

（5）15个同学在操场上围成一个圆圈做游戏，每相邻两个同学之间的距离都是2米，这个圆圈的周长是多少米？

考点：封闭曲线上的植树问题。

分析：这道题是封闭曲线上的植树问题，学生数量＝间隔数，间隔数是15；间距是2米，全长＝间距×间隔数，以此求出圆圈的周长。

解：$2×15=30$（米）。

答：圆圈的周长是30米。

（6）一座楼房每上一层要走18级台阶，王芳回家共上了108级台阶，她家住在几楼呢？

考点：数学模型的应用问题。

分析：这道题可以看作是两端都栽树的植树问题，先用总数÷间距求出间隔数（$108÷18=6$），在两端都栽的情况下，植树棵数=间隔数+1，求出王芳家的楼层数。因为6+1=7，所以王芳家住7楼。

解：$108 \div 18 = 6$，

$6 + 1 = 7$（楼）。

答：她家住在7楼。

（7）小东把一些5角的硬币均匀排列在一张正方形纸的周边，每边的硬币数相等，这些硬币的总面值是12元。每边最多能放多少枚硬币呢？

考点：正多边形上的植树问题。

分析：首先用$12 \div 0.5 = 24$，求出一共有24枚硬币。根据在正多边形上的植树问题模型，正方形四周有24枚硬币就有24个间隔，$24 \div 4 = 6$，每条边有6个间隔。要使每边硬币数量最多，就要两端都放。在两端都栽的植树问题中，植树棵数=间隔数+1，因此每边最多能放6+1=7（枚）硬币。

解：硬币的数量：

$12 \div 0.5 = 24$（枚）；

正方形每边间隔数：

$24 \div 4 = 6$（个）。

每边最多能放硬币的数量：

$6 + 1 = 7$（枚）。

答：每边最多能放7枚硬币。

（8）7路公共汽车行驶路线全长8千米，每相邻两站的距离是1千米。一共有多少个车站？

考点：两端植树问题。

分析：本题首尾都要设车站，属于在一条线段上两端都植

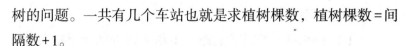

树的问题。一共有几个车站也就是求植树棵数，植树棵数=间隔数+1。

解：$8 \div 1 + 1 = 9$（个）。

答：一共有9个车站。

（9）一根木头长10米，要把它平均分成5段。每锯下一段需要8分钟，锯完一共要花多少分钟？

考点：两端不植树问题。

分析：如果植树的线路两端都不植树，那么植树的棵数比间隔数少1，即棵数=间隔数-1。

解：一根木头长10米，要把它平均分成5段，需要锯的次数为：

$5 - 1 = 4$（次）。

因为每锯一段需要8分钟，所以锯4次的时间为：

$8 \times 4 = 32$（分）。

答：锯完一共要花32分钟。

（10）工程队埋电线杆，每隔40米埋一根，连两端在内，共埋了71根。这段路全长多少米？

考点：线段植树问题。

分析：本题是在一条线段上两端都植树的问题的逆向应用，全长=棵距×间隔数，在两端都栽的情况下，间隔数=植树棵数-1。

解： $40 \times (71 - 1)$

  $= 40 \times 70$

  $= 2800$（米）。

答：这段路全长2800米。

2. 巩固提高题

（1）小华和爷爷同时上楼，小华上楼的速度是爷爷的2倍，当爷爷到达4楼时，小华到了几楼呢？

考点：植树问题应用。

分析：根据植树问题中的"间隔数＝植树棵数－1"可知，爷爷到达4楼时，爬的间隔数是（4－1）个，小华上楼的速度是爷爷的2倍，则小华爬的间隔数就是（4－1）×2个，再加上1就是小华到达的楼数。

解：（4－1）×2＋1

  ＝3×2＋1

  ＝6＋1

  ＝7（楼）。

答：当爷爷到达4楼时，小华到了7楼。

（2）要把一根20米长的长绳剪成几根2米长的短绳，不对折的情况下需要剪多少次呢？

考点：植树间隔问题。

分析：本题可以用植树问题的思想方法来解决。要求20米的长绳可以剪成几根2米长的短绳，也就是求20里面有几个2，用20÷2＝10，也就是剪成10段；剪的次数比段数少1，10－1＝9，要剪9次。

解：20÷2＝10（根），

  10－1＝9（次）。

答：不对折的情况下需要剪9次。

（3）某小区车位不足，在小区路的一边每5米安置一个车位，用停车标志隔开（两端不画），在一段100米长的路边

最多可停放多少辆车呢？需要画多少个停车标志呢？

考点：植树问题。

分析：路的两端不用画停车标志，本题相当于在一条线段上两端都不植树的问题。先用 $100 \div 5 = 20$，求出有 20 个间隔，即可以停放 20 辆车；再用间隔数 -1，求出植树棵数为 $20 - 1 = 19$，也就是需要画 19 个停车标志。

解：$100 \div 5 = 20$（辆），

$20 - 1 = 19$（个）。

答：在一段 100 米长的路边最多可停放 20 辆车，需要画 19 个停车标志。

（4）一条小道两边，每隔 5 米植一棵树（两端都植），共植树 202 棵，这条小道长多少米？

考点：两端植树问题。

分析：审题时注意，是小道两边共植树 202 棵，先用 $202 \div 2 = 101$，求出道路一边植树 101 棵。在两端都植树的情况下，间隔数 = 植树棵数 -1，$101 - 1 = 100$，有 100 个间隔；再用棵距乘间隔数即求出全长，所以得 $5 \times 100 = 500$（米）。

解：小道一边植树的棵数：

$202 \div 2 = 101$（棵）；

间隔数：

$101 - 1 = 100$；

这条小道长：

$5 \times 100 = 500$（米）。

答：这条小道长 500 米。

（5）沿 400 米的环形跑道外侧每隔 5 米插一面红旗、两面

黄旗，需要多少面红旗，多少面黄旗？

考点：封闭曲线的植树问题。

分析：本题是在封闭曲线上的植树问题，植树棵数＝间隔数，先求间隔数 $400 \div 5 = 80$。由于每个间隔插一面红旗，所以红旗的面数就等于间隔数；而每个间隔插两面黄旗，所以黄旗数量为 $2 \times 80 = 160$。

解：$400 \div 5 = 80$，

　　　红旗：$1 \times 80 = 80$（面）；

　　　黄旗：$2 \times 80 = 160$（面）。

答：需要80面红旗，160面黄旗。

（6）学校的苗圃长17米，宽5米，平均每平方米种2株杜鹃花，一共可以种多少株杜鹃花？

考点：区分植树问题。

分析：本题以种花为题材，看似植树问题，实际并不属于植树问题，因此不能用植树问题的思路来解答。题中给出的信息是"平均每平方米种2株杜鹃花"，要求一共种多少株杜鹃花，必须先求出苗圃的面积。如果不认真审题，就容易受植树问题的干扰，出现先求周长然后按植树问题数学模型来解答的错误。

解：苗圃的面积：

　　　$17 \times 5 = 85$（平方米）；

　　　可以种杜鹃花的株数：

　　　$2 \times 85 = 170$（株）。

答：一共可以种170株杜鹃花。

（7）在一个长9米、宽3米的长方形舞台外沿，每隔1米

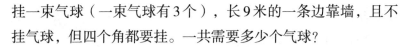

挂一束气球（一束气球有3个），长9米的一条边靠墙，且不挂气球，但四个角都要挂。一共需要多少个气球？

考点：综合植树问题。

分析：本题既不是在一条线段上的植树问题，也不是在封闭曲线上的植树问题，但可以"化曲为直"，转化为在一条线段上的植树问题。先把挂气球的三条边相加求出全长，即 $3 \times 2 + 9 = 15$（米）；由于四个角都要挂气球，相当于"两端都要栽"的情况，植树棵数=间隔数+1，$15 \div 1 + 1 = 16$（束），求出一共挂16束气球；一束气球有3个，求一共需要多少个气球，所以最后一步用 $3 \times 16 = 48$（个）求得气球的数量。

解： $3 \times 2 + 9 = 15$（米），

　　　 $15 \div 1 + 1 = 16$（束），

　　　 $3 \times 16 = 48$（个）。

答：一共需要48个气球。

（8）有一段公路长900米，在公路的一侧从头到尾每隔10米栽一棵松树，可以栽多少棵松树？

考点：两端植树问题。

分析：可利用公式"距离÷棵距+1=棵数"求出植树的棵数。

解： $900 \div 10 + 1 = 91$（棵）。

答：可以栽91棵松树。

（9）在从教学楼通往图书馆道路的一侧，每隔10米栽一棵松树，共栽20棵，道路全长多少米？

考点：两端不植树问题。

分析：根据题意，可用公式"棵距×（棵数+1）=距离"

求出距离。

解： $10 \times (20+1)$

$= 10 \times 21$

$= 210$（米）。

答：道路全长210米。

（10）一个池塘的周长为240米，沿池塘周围每隔4米栽一棵松树，一共需要多少棵松树？

考点：封闭植树问题。

分析：可用公式"距离÷棵距＝棵数"直接求出棵数。

解：$240 \div 4 = 60$（棵）。

答：一共需要60棵松树。

奥数习题与解析

1. 基础训练题

（1）在一个周长为400米的池塘周围种树，每隔20米种一棵杨树，在相邻两棵杨树之间，每隔5米种一棵柳树，要准备杨树和柳树各多少棵？

分析：该题考查了植树问题的两种情况，在封闭的池塘周围种杨树，杨树的棵数正好等于池塘的总长除以棵距，即 $400 \div 20 = 20$（棵），而相邻的两棵杨树之间，每隔5米种一棵柳树，这是不封闭路线两端都不种树的情况，相邻两棵杨树间可种 $20 \div 5 - 1 = 3$（棵）柳树，所以要准备柳树 $20 \times 3 = 60$（棵）。

解：杨树的棵数：

$400 \div 20 = 20$（棵）。

相邻两棵杨树间可种柳树的棵数：

$20 \div 5 - 1 = 3$（棵）。

柳树的棵数：

$20 \times 3 = 60$（棵）。

答：要准备杨树20棵，柳树60棵。

（2）明明要爷爷出一道趣味题，爷爷给他念了一个顺口溜：湖边春色分外娇，一株杏树一株桃，平湖周围三千米，六米一株都栽到，漫步湖畔美景色，可知桃杏各多少？

分析：由顺口溜可知，植树线路是封闭的，所以棵数与间隔数相等。

解：共栽桃树和杏树：

$3000 \div 6 = 500$（棵）。

因为"一株杏树一株桃"，

所以桃树和杏树的棵数相等，都是：

$500 \div 2 = 250$（棵）。

答：桃树和杏树各有250棵。

（3）一个正方形的运动场，每边长224米，每隔8米安装一盏照明灯，且四个角都安装。一共可以安装多少盏照明灯？

分析：这是一道方形的植树问题，公式是：棵数＝周长÷棵距或棵数＝（每边的棵数－1）×4，可直接利用公式求得答案。

解：（方法一）

$224 \times 4 \div 8 = 112$（盏）。

（方法二）

（224÷8+1-1）×4

=（28+1-1）×4

=28×4

=112（盏）。

答：一共可以安装112盏照明灯。

2. 拓展训练题

（1）李大爷在马路边散步，路边均匀地栽着一行树，李大爷从第1棵树走到第15棵树共用了7分钟，李大爷又向前走了几棵树后就往回走，当他回到第5棵树时共用了30分钟。李大爷步行到第几棵树时开始往回走的？

分析：从第1棵树走到第15棵树用了7分钟，一共经过15-1=14（个）间隔，由此即可求出走过每个间隔需要的时间是7÷14=0.5（分）；据此，求出30分钟包含有多少个0.5分钟，即可知道有30÷0.5=60（个）间隔，减去第5棵树之前的4个间隔，还剩下60-4=56（个）间隔，则重复走过的间隔数是56÷2=28（个），据此再加上前面的4个间隔后，再加上1即可解答问题。

解： 7÷（15-1）

=7÷14

=0.5（分），

30÷0.5=60（个），

5-1=4，

（60-4）÷2

=56÷2

=28（个），

28+4+1=33（棵）。

答：李大爷散步到第33棵树时开始往回走的。

（2）在一座长800米的大桥两边挂彩灯，起点和终点都挂，一共挂了202盏，相邻两盏之间的距离都相等。求相邻两盏彩灯之间的距离。

分析：大桥两边一共挂了202盏彩灯，每边各挂202÷2=101盏，101盏彩灯把800米长的大桥分成101-1=100（段），所以相邻两盏彩灯之间的距离是800÷100=8（米）。

解： 800÷（202÷2-1）

=800÷（101-1）

=800÷100

=8（米）。

答：两盏彩灯之间的距离是8米。

课外练习与答案

1.基础练习题

（1）在一段路的一侧插彩旗，每隔5米插一面，从起点到终点共插了10面。这段路有多长？

（2）在学校的走廊两边，每隔4米放一盆菊花，从起点到终点一共放了18盆。这条走廊长多少米？

（3）在一条20米长的绳子上挂气球，从一端起，每隔5米挂一个气球。一共可以挂多少个气球？

（4）在一段长32米的小路一侧插彩旗，从起点到终点共插了5面，相邻两面旗之间距离相等。相邻两面旗之间的距离是多少米？

（5）在公园一条长25米的路的两侧插彩旗，从起点到终点共插了12面彩旗，相邻两面彩旗之间的距离相等。相邻两面彩旗之间的距离是多少米？

（6）有一根木头，要锯成8段，每锯开一段需要2分钟，且每次只能锯一段，全部锯完需要多少分钟呢？

（7）一根原木锯成2米长的小段，一共花了15分钟。已知每锯下一段要3分钟，这根原木长多少米呢？

（8）小明爬楼梯，每上一层要走18级台阶，一级台阶需走2秒。小明从一楼到四楼共要用多少时间？

（9）在一个周长是42米的长方形花园周围，每隔2米放一盆花，一共可放多少盆花？

2. 提高练习题

（1）要在一个水池周围栽树，已知这个水池周长为245米，计划要栽49棵树，相邻两树之间的距离相等。相邻两树之间的距离是多少米？

（2）在一个边长为12米的正方形四周围篱笆，每隔4米打1根木桩，一共要准备多少根木桩？

（3）小朋友们植树，先植一棵树，以后每隔3米植一棵，已经植了9棵。第一棵树和第九棵树之间的距离是多少米？

（4）甲、乙两人比赛爬楼梯，甲跑到5楼，乙恰好跑到3楼。照这样计算，甲跑到17楼，乙跑到多少楼？

（5）有一高楼，每上一层需2分钟，每下一层需1分30秒。王军于12点20分开始从底层往上走，到了最高层立即往下走（中途没有停留），13点2分返回底层，这座高楼一共有多少层？

（6）两名同学比赛爬楼梯，1号爬到第6层时，2号爬到第9层。照这样计算，当1号爬到第11层时，2号应爬到第几层呢？

（7）甲的爬楼速度是乙的2倍，当乙爬到第6层时，甲爬到第几层？

3. 经典练习题

（1）把一根钢管锯成小段，一共锯了28分钟。已知每锯开一段需要4分钟，这根钢管被锯成了多少段呢？

（2）有一根180厘米长的绳子，从一端开始每3厘米做一记号，每4厘米也做一记号，然后将标有记号的地方剪断。这根绳子共被剪成了多少段？

（3）在一根长木棍上，有三种刻度线：第一种将木棍分成十等份；第二种将木棍分成十二等份；第三种将木棍分成十五等份。如果沿每条刻度线将木棍锯开，那么木棍总共被锯成了多少段？

（4）大雪后的一天，小明和爸爸共同步测一个圆形花圃的周长。他俩的起点和走的方向完全相同。小明的平均步长为54厘米，爸爸的平均步长为72厘米。由于两人的脚印有"重合"，并且他们走了一圈后都回到起点，这时雪地上只留下了120个脚印。这个花圃的周长是多少米呢？

（5）小明和小红两人进行爬楼梯比赛，小明跑到第4层，小红恰好跑到第7层。照这样计算，小明跑到第16层，小红跑到第几层？

（6）从离林园10.15千米处开始，沿前进方向在马路一旁栽树，每隔50米栽一棵柏树。一辆汽车从林园给每个种植点送树，每次只能拉4棵树。运完12棵树后汽车返回林园，汽车至少耗油多少升？（每10千米耗油2升）

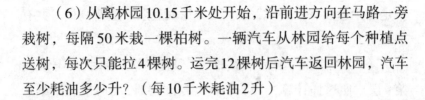

答 案

1. 基础练习题

（1）这段路长45米。

（2）这条走廊长32米。

（3）一共可以挂5个气球。

（4）相邻两面旗之间的距离是8米。

（5）相邻两面彩旗之间的距离是5米。

（6）全部锯完需要14分钟。

（7）这根原木长12米。

（8）小明从一楼到四楼共要用108秒。

（9）一共可放21盆花。

2. 提高练习题

（1）相邻两树之间的距离是5米。

（2）一共要准备12根木桩。

（3）第一棵树和第九棵树之间的距离是24米。

（4）甲跑到17楼，乙跑到9楼。

（5）这座高楼一共有13层。

（6）当1号爬到第11层时，2号应爬到第17层。

（7）当乙爬到第6层时，甲爬到第11层。

3. **经典练习题**

（1）这根钢管被锯成了8段。

（2）这根绳子共被剪成了90段。

（3）木棍总共被锯成了28段。

（4）这个花圃的周长是43.2米。

（5）小明跑到第16层，小红跑到第31层。

（6）汽车至少耗油12.6升。

◆ 排方阵巧妙算人数

这类题，也是可以照题画图来实际观察的。马先生说为了彻底明白它的要点，各人先画一个图（如图3-1）来观察下面的各项：

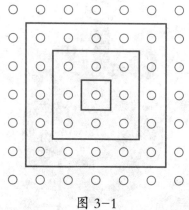

图 3-1

（1）外层每边多少人？（7）

（2）总数多少人？（7×7）

（3）从外向里第二层每边多少人？（5）

（4）从外向里第三层每边多少人？（3）

（5）中央多少人？（1）

（6）每相邻的两层每边依次少多少人？（2）

"这些就是方阵的秘诀。除此之外，这正用得着兵书上的话'虚者实之，实者虚之'了。"马先生含笑说道。

例1：三层中空方层，外层每边11人，共有多少人？

"先来'虚者实之'，看共有多少人？"马先生问。

"11乘11，121人。"周学敏回答。

"好！那么，再来'实者虚之'。外面三层，里面剩的最外层是全方阵的第几层？"

"第四层。"也是周学敏回答。

"第四层每边有多少人？"

"第二层少2人，第三层少4人，第四层少6人，是5人。"王有道回答。

"计算各层每边的人数有一般的法则吗？"

"第二层少一个2人，第三层少两个2人，第四层少三个2人，所以从外层数起，第某层每边的人数是：外层每边的人数－2人×（层数－1）。"

"本题按照实心算，除去外边的三层，还有多少人？"

"五五二十五。"我回答。

这样一来，谁都会算了。

$$11 \times 11 - [11 - 2 \times (4-1)] \times [11 - 2 \times (4-1)] = 121 - 25 = 96$$
实阵人数　　　　中心方阵人数　　　　　　实际人数

例2：兵一队，排成方阵，多49人，如果纵横各加1行，又差38人，原有兵多少？

马先生首先提出这样一个问题："纵横各加1行，按照原来外层每边的人数说，应当加多少人？"

"2倍外层的人数。"某君回答。

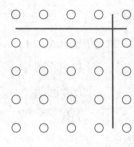

图 3-2

"你这是空想的，不是实际观察得来的。"马先生加以批评。

对于这批评，某君不服气，他用铅笔在纸上画来看（如图3-2），才明白了"还需加上1个人"。

"本题，每边加1行共加多少人？"马先生问。

"原来多的49人加上后来差的38人，共87人。"周学敏回答。

"那么，原来的方阵外层每边几个人？"

"87减去1，角落上的，再折半，得43人。"周学敏回答。

马先生指定我将式子列出，我只好在黑板上去写，还好，没有错。

$$[(49+38-1)\div2]\times[(49+38-1)\div2]+49=1898$$

例3：1296人排成12层的中空方阵，外层每边有几人？

观察！观察！马先生又指导我们观察了！所要观察的是，每边各层都按照外层的人数算，是怎么一回事！

如图3-3，清清楚楚地，AEFD、BCHG，横看每排的人数都和外层每边的人数相同。换句话说，全部的人数便是层数乘外层每边的人数。而竖着看，ABJI 和 CDKL 也是一样。

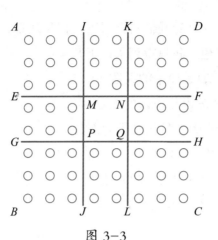

图 3-3

这和本题有什么关系呢？我想了许久，看了又看，还是觉得莫明其妙！

后来，马先生才问："依照这种情形，我们算成总共的人数是4个*AEFD*的人数，行不行？"

自然不行，算了2个*AEFD*已只剩2个*EGPM*了。所以，如果要算成4个，必须加上4个*AEMI*，这是大家讨论的结果。至于*AEMI*的人数，就是层数乘层数。这一来，算法也就明白了。

$$（1296+12×12×4）÷4÷12=39……外层每边人数$$

<u>原人数　　*AEMI*人数</u>｜　层数

<u>　　　　　　　　*AEFD*人数</u>

例4：有兵一队，正好排成方阵。后来减少12排，每排正好添上30人，这队兵有多少人？

越来越糟，我简直是坠入迷魂阵了！马先生在黑板上画出这个图（如图3-4）来，便一句话也不说，只是静悄悄地看着我们。自然！这是让我们自己思索，但是从哪儿下手呢？看了又看，想了又想，我只得到了以下几点：

（1）*ABCD* 是原来的人数。

（2）*MBEF* 也是原来的人数。

（3）*AMGD* 是原来12排的人数。

（4）*GCEF* 也是原来12排的人数，还可以看成是30乘"原来每排人数减去12"的人数。

（5）*DGFH* 的人数是 12×30。

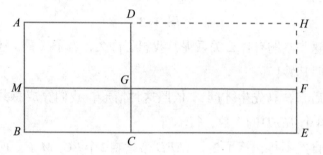

图 3-4

我所能想到的，就只有这几点，但是它们有什么关系呢？无论怎样我也想不出别的什么了！

周学敏还是令我佩服的，在我百思不得其解的时候，他已算了出来。马先生就叫他讲给我们听。最初他所讲的，原只是我已想到的5点。接着，他便说明下去。

（6）因为 *AMGD* 和 *GCEF* 的人数相等，所以各加上 *DGFH*，人数也是一样，就是 *AMFH* 和 *DCEH* 的人数相等。

（7）*AMFH* 的人数是"原来每排人数加30"的12倍，也就是原来每排的人数的12倍加上12乘30人。

（8）*DCEH* 的人数却是30乘原来每排的人数，也就是原来每排人数的30倍。

（9）由此可见，原来每排人数的30倍与它的12倍相差的是12乘30人。

（10）所以原来每排人数是30×12÷（30-12），而全部的人数是

[30×12÷（30-12）]×[30×12÷（30-12）]=400。

可不是吗？400人排成方阵，恰好每排20人，一共20排，减少12排，便只剩8排，而减去的人数一共是240人，平均添在8排上，每排正好加30人。

为什么周学敏会转这么一个弯，我却不会呢？我真是又羡慕，又嫉妒啊！

基本公式与例解

在排队时，横着的叫"行"，竖着的叫"列"，方阵分为实心方阵和空心方阵两种。

1. 实心方阵基本公式

（1）最外层总数

①最外层总数＝每边数×4－4

因为四个角上的多算了一次，所以要减4。（如图3.1-1）

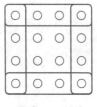
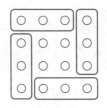

图 3.1-1   图 3.1-2

②最外层总数＝（每边数－1）×4

把最外围正方形拆分成4段相同的部分。（如图3.1-2）

例：小明用若干枚棋子摆成一个方阵，最外层每边摆6枚。最外层的棋子总数是多少枚呢？

解：（方法一）由最外层总数＝每边数×4－4，得

6×4－4＝20（枚）。

（方法二）由最外层总数＝（每边数－1）×4，得

（6－1）×4＝20（枚）。

答：最外层的棋子总数是20枚。

（2）方阵总数

①方阵总数＝每边数×每边数

②方阵总数＝（最外层总数÷4＋1）^{2}

例：某学校学生排成一个方阵，最外层的人数是60人，这个方阵共有学生多少人？

解：（方法一）由每边数＝（最外层总数＋4）÷4，得

（60＋4）÷4＝16（人）。

由方阵总数＝每边数×每边数，得

16×16＝256（人）。

（方法二）由方阵总数＝（最外层总数÷4＋1）^{2}，得

（60÷4＋1）^{2}＝256（人）。

答：这个方阵共有学生256人。

2. 空心方阵基本公式

（1）层数＝（最外层每边数－最内层每边数）÷2＋1

（2）最外层每边数＝总数÷4÷层数＋层数

（3）总数

①总数＝大实心方阵总数－小空心方阵总数

②总数＝（最外层每边数－空心方阵的层数）×空心方阵的层数×4

③总数＝（最外层总数＋最内层总数）×层数÷2

例：有一列士兵排成若干层的中空方阵，最外层共有68人，最内层共有44人，该方阵士兵的总人数是多少？

解：（方法一）

由（最外层人数+最内层人数）×层数÷2，得

（68+44）×4÷2=224（人）。

最外层：（68+4）÷4=18（人）；

最内层：（44+4）÷4=12（人）；

层数：（18-12）÷2+1=4（层）。

（方法二）

由总人数=大实心方阵人数-小空心方阵人数，得

$18^2-(12-2)^2=224$（人）。

最外层：（68+4）÷4=18（人）；

最内层：（44+4）÷4=12（人）；

层数：（18-12）÷2+1=4（层）。

（方法三）

由（最外层每边人数-空心方阵的层数）×空心方阵的层数×4，得

（18-4）×4×4=224（人）。

答：该方阵士兵的总人数是224人。

3. 其他性质

（1）相邻两层每边人数相差2人；

（2）相邻两层每层人数相差8人；

（3）去掉一行和一列的总人数=去掉的每边人数×2-1。

例1：静静用围棋子摆成一个3层空心方阵，最外层每边有围棋子14个，静静摆这个方阵一共用了多少个围棋子？

解：（方法一）

根据"相邻两层每边人数相差2人"计算结果。

$$（14-1）×4+（14-2-1）×4+（14-2-2-1）×4$$
$$=52+44+32$$
$$=132（个）。$$

（方法二）

根据"相邻两层每层人数相差8人"计算结果。

$$3（14-1）×4-8-2×8$$
$$=156-8-16$$
$$=132（个）。$$

答：静静摆这个方阵一共用132个围棋子。

例2：参加中学生运动会团体操表演的运动员排成一个正方形队列，若减少一行一列，则要减少49人，参加团体操表演的运动员共多少人呢？

解：假设每边有x人，则一行一列共有（$2x-1$）人。由题意，得

$$2x-1=49,$$
$$x=25。$$

$$25×25=625（人）。$$

答：参加团体操表演的运动员共625人。

应用习题与解析

1. 基础练习题

（1）某校的学生刚好排成一个方阵，最外层的人数是96人，这个学校共有学生多少人呢？

考点：方阵人数=（最外层人数÷4+1）^{2}。

分析：已知方阵最外层的人数是96人，根据"每边人数=最外层人数÷4+1"就可以计算出每边人数，根据"方阵人数=每边人数×每边人数"可以计算出总人数。

解：（96÷4+1）^{2}=625（人）。

答：这个学校共有学生625人。

（2）某广场中心周围用2016盆花围成了一个2层的空心方阵。外层有多少盆花？

考点：方阵的基本性质：相邻两层每层人数相差8人。

分析：已知方阵总数和层数，根据方阵基本性质"相邻两层每层人数相差8人"，就可以求出每层分别有多少盆花。

解：（方法一）（2016+8）÷2=1012（盆）。

（方法二）设外层有x盆，则内层有（$x-8$）盆。

由题意，得

$$x+(x-8)=2016,$$
$$2x=2024,$$
$$x=1012。$$

答：外层有1012盆花。

（3）有一队学生，排成一个中空方阵，最外层的人数为

48人，最内层的人数为24人，方阵共有多少人？

考点：空心方阵问题基本公式。

分析：这道题有多种解法，可以根据"相邻两层每层人数相差8人"的性质直接算出，也可以根据已知人数和层数运用空心方阵的运算公式计算。

解：（方法一）48+（48-8）+（48-8-8）+24=144（人）。

（方法二）（48+4）÷4=13（人），

（24+4）÷4=7（人），

（13-7）÷2+1=4（层），

（13-4）×4×4=144（人）。

（方法三）（48+24）×4÷2=144（人）。

答：方阵共有144人。

（4）学校举行团体操表演，四年级的少先队员排成4层的中空方阵，最外层每边人数是10人，参加团体操表演的少先队员共有多少人呢？

考点：空心方阵问题基本公式。

分析：根据公式"总人数=（最外层每边人数-空心方阵的层数）×空心方阵的层数×4"进行计算。

解：（10-4）×4×4=96（人）。

答：参加团体操表演的少先队员共有96人。

（5）用棋子摆成方阵，恰好为每边24粒的实心方阵。若改为3层的空心方阵，它的最外层每边应放多少粒棋子？

考点：方阵问题。

分析：根据"恰好为每边24粒的实心方阵"，可以计算出一共有24×24=576（粒）棋子，每一层总数=每边数×4-4，

相邻的两层数量相差8，便可以求出最外层每边应放多少粒棋子。

解：设最外层每边应放x粒棋子。由题意，得

$$(4x-4)+(4x-8-4)+(4x-8-8-4)=24\times24,$$
$$12x-36=576,$$
$$x=51。$$

答：它的最外层每边应放51粒棋子。

2. 巩固提高题

（1）某学校的学生正好排成一个方阵，且最外层的人数是80人，这个学校共有学生多少人呢？

考点：实心方阵总人数的计算公式。

分析：方阵人数 =（最外层人数÷4+1）^{2}。

解：（80÷4+1）^{2}=441（人）。

答：这个学校共有学生441人。

（2）一堆棋子，排成正方形，多4枚棋子，若正方形纵、横两个方向各增加一层，则缺少9枚棋子，一共有棋子多少枚？

考点：考查公式"去掉一行和一列的总人数=去掉的每边人数×2-1"。

分析：先由多和不够的棋子数求出纵、横两个方向都增加一层的棋子数，再求正方形每边的棋子数。纵、横两个方向各增加一层，所差棋子数是：4+9=13（枚）。已知一行一列的总数是13枚，就可以求出正方形每边棋子的数量，从而算出总数。

解：4+9=13（枚），

$$（13+1）÷2=7（枚），$$

$$7×7-9=40（枚）。$$

答：一共有棋子40枚。

（3）一些解放军战士组成一个长方形矩阵，经一次队列变换后，增加了6行，减少了10列，恰好组成一个方阵，这个方阵共有多少人？

考点：实心方阵总人数的计算公式。

分析：设该方阵每边x人。因为方阵是根据长方形矩阵增加6行，减少10列变换形成的，总人数相同，所以方阵总人数为x^2，也可以用长方形矩阵表示为$（x-6）（x+10）$。

解：设该方阵每边x人，则原长方形矩阵为$（x-6）$行，$（x+10）$列。由题意，得

$$x^2=（x-6）（x+10），$$

$$x^2=x^2+4x-60，$$

$$4x=60，$$

$$x=15。$$

$$15×15=225（人）。$$

答：这个方阵共有225人。

（4）一队学生站成20行20列的方阵，如果去掉4行4列，那么要减少多少人？

考点：考查公式"去掉一行和一列的总人数＝去掉的每边人数×2-1"。

分析：把去掉4行4列转化为1行1列的去掉，去掉1行1列的总人数＝原每行人数×2-1，反复利用4次这个公式即可计算出结果。

解：　$20 \times 2-1+(20-1) \times 2-1+(20-2) \times 2-1+(20-3) \times 2-1$

$$=40-1+38-1+36-1+34-1$$

$$=144（人）。$$

答：要减少144人。

奥数训练与解析

1. 基础训练题

（1）一个正方形队列，横竖方向各减少一行，那么就减少15人，这个正方形队列原来有多少人？

分析：去掉一行、一列的总人数=去掉的每边人数×2-1。

解：　$[(15+1) \div 2] \times [(15+1) \div 2]$

$$=8 \times 8$$

$$=64（人）。$$

答：这个正方形队列原来有64人。

（2）小红把平时节省下来的全部五角硬币先围成一个正三角形，正好用完，后来又改围成一个正方形，也正好用完。如果正方形的每条边比三角形的每条边少用了5枚硬币，那么小红所有五角硬币的总价值是多少元？（这里围成的三角形和正方形都是空心的）

分析：因为正方形的每条边比三角形的每条边少用5枚硬币，所以三角形每边的硬币数＝正方形每边的硬币数+5。围成的三角形和围成正方形用的硬币总数一样，所以可以设正方形每边 x 枚硬币，列方程求解即可。

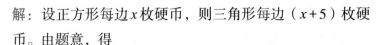

解：设正方形每边 x 枚硬币，则三角形每边（$x+5$）枚硬币。由题意，得

$$4x-4=3（x+5）-3，$$

$$4x-4=3x+15-3，$$

$$x=16。$$

$$16×4-4=60（枚）。$$

$$0.5×60=30（元）。$$

答：小红所有五角硬币的总价值是30元。

2. **拓展训练题**

（1）有若干人排成一个空心的4层方阵。现在调整阵型，把最外层每边人数减少16人，层数由原来的4层变成8层，这个方阵共有多少人？

分析：人员数目不变，阵型调整，最外层一边减少16人，意味着原来的4层将作为新方阵的最外边4层，所以每层都要减少16人，减少的总人数组成新方阵的里边4层。根据"每相邻两层的人数相差8人"，即可计算出结果。

解：$16×4×4=256$（人），

$$256-（1+2+3）×8=208（人），$$

$$208÷4=52（人），$$

$$52+60+68+76+84+92+100+108=640（人）。$$

答：这个方阵共有640人。

（2）五年级学生分成两队参加学校广播操比赛，他们排成甲、乙两个方阵，其中甲方阵每边的人数是8人。若两队合并，则可以另排成一个空心的丙方阵，丙方阵每边的人数比乙方阵每边的人数多4人，甲方阵的人数正好填满丙方阵的空心。五年级参加广播操比赛的一共有多少人呢？

分析：根据"如果两队合并，可以另排成一个空心的丙方阵"，易知空心丙方阵的人数等于甲方阵的人数与乙方阵的人数之和；又根据"甲方阵的人数正好填满丙方阵的空心"，易知实心丙方阵的人数等于甲方阵人数的2倍与乙方阵人数之和。由以上关系很容易列出方程进行求解。

解：设乙方阵每边的人数为 x 人，则丙方阵每边的人数为 $(x+4)$ 人。由题意，得

$$(x+4)^2 = 8 \times 8 \times 2 + x^2,$$

$$x^2 + 8x + 16 = 128 + x^2,$$

$$8x = 112,$$

$$x = 14。$$

$$14 \times 14 + 8 \times 8 = 196 + 64 = 260（人）。$$

答：五年级参加广播操比赛的一共有260人。

课外练习与答案

1. 基础练习题

（1）有棋子若干粒，恰好可排成每边8粒的方阵，一共有多少粒棋子？方阵最外层有多少粒呢？

（2）设计一个团体操表演队，想排成6层的中空方阵，已知参加表演的有360人，最外层每边应安排多少人呢？

（3）小明用围棋子摆成一个3层空心方阵，如果最外层每边有围棋子15枚，小明摆这个方阵的最里层有多少棋子？摆这个3层空心方阵共用了多少枚棋子呢？

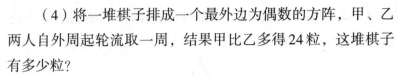

（4）将一堆棋子排成一个最外边为偶数的方阵，甲、乙两人自外周起轮流取一周，结果甲比乙多得24粒，这堆棋子有多少粒？

（5）学生若干人排成5层的中空方阵，最外层每边人数是12人，一共有多少学生呢？

（6）某校学生刚好排成一个方阵，最外层的人数是96人，这个学校共有多少名学生呢？

（7）运动员入场式要求排成一个9行9列的正方形方阵，如果去掉2行2列，要减少多少名运动员？

2. 提高练习题

（1）用红、黄两色鲜花组成的实心方阵（花盆大小完全相同），最外层是红花，从外往内每层按红花、黄花相间摆放。如果最外层一圈的正方形有红花44盆，那么完成造型共需黄花多少盆呢？

（2）某日韩信在训练士兵练习阵型，先排成每边30人的实心方阵，后来又变成一个5层的空心方阵，问此时方阵最外层每边有多少人呢？

（3）若干名学生排成方阵则多12人，若要将这个方阵改排成纵横两个方向各增加1人的方阵则还差9人排满，原有学生多少人呢？

（4）有一个用圆片摆成的2层中空方阵，外层每边有16个圆片，如果把内层的圆片取出来，在外层再摆一层，变成一个新的中空方阵，那么应该再增加多少个圆片呢？

（5）一个街心花园如图3.4-1所示，它由四个大小相等的等边三角形组成，已知从每个小三角形的顶点开始，到下一个顶点均匀栽有9株花。大三角形边上栽有多少株花？整个花园中共栽多少株花？

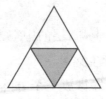

图 3.4-1

（6）有杨树和柳树以"隔株相间"的种法，种成7行7列的方阵，这个方阵最外层有杨树和柳树各多少棵呢？方阵中共有杨树和柳树各多少棵呢？

3. 经典练习题

（1）小明用围棋子摆了一个5层中空方阵，一共用了200枚棋子，最外层每边有多少枚棋子呢？

（2）游行队伍中，手持鲜花的少先队员在一辆彩车的四周围成每边3层的方阵，最外边一层每边12人，彩车周围的少先队员共有多少人呢？

（3）某小学四年级的同学排成一个4层空心方阵还多15人，如果在方阵的空心部分再增加一层又少21人。这个小学四年级的学生一共有多少人？

（4）设计一个团体操表演队形，想排成一个6层的中空方阵，已知参加表演的人数只有360人，最外层每边应排多少人？

（5）一个空心方阵的花坛共有12层花草，其中最内层每边有18盆，这个花坛共有花草多少盆？

（6）四年级同学参加体操表演，先排成每边16人的实心方阵，后来又变成一个4层空心方阵，那么这个空心方阵最外层有多少人？

（7）如图3.4-2，这是由一些棋子摆成的正三角形点阵，和"空心方阵"类似，也可以有"空心三角阵"。如果有一个5层的空心三角阵，最外层每边有20枚棋子，那么一共有多少枚棋子？

图 3.4-2

1. 基础练习题

（1）一共有64粒棋子，最外层有28粒。

（2）最外层每边应安排21人。

（3）这个方阵的最里层有40枚棋子，摆这个3层空心方阵共用了144枚棋子。

（4）这堆棋子有144粒。

（5）一共有140名学生。

（6）这个学校共有625名学生。

（7）要减少32名运动员。

2. 提高练习题

（1）完成造型共需黄花60盆。

（2）此时方阵最外层每边有50人。

（3）原有学生112人。

（4）应再增加16个圆片。

（5）大三角形边上栽有48株花，整个花园共有69株花。

（6）这个方阵最外层有杨树12棵，柳树12棵；方阵中共有杨树25棵，柳树24棵。

3. 经典练习题

（1）最外层每边有15枚棋子。

（2）彩车周围的少先队员共有108人。

（3）这个小学四年级的学生一共有239人。

（4）最外层每边应排21人。

（5）这个花坛共有花草1344盆。

（6）这个空心方阵最外层有76人。

（7）一共有195枚棋子。

◆ 巧算车通过桥梁山洞

这是某君提出的问题。马先生对于我们提出这样的问题，好像非常诧异。

马先生说："这不过是行程的问题，只需注意一个要点就行了。从前学校开运动会的时候，有一种运动，叫作障碍物竞走，比现在的跨栏要难得多，除了跨一两次栏杆，还有撑竿跳高、跳远、钻圈、钻桶等。

"钻桶，便是全部通过。桶的大小只能容一个人直着身子爬过，桶的长短却比一个人长一点。我且问你们，一个人，从他的头进桶口起，到全身爬出桶止，他爬过的距离是多少？"

"桶长加身长。"周学敏回答。

"好！"马先生斩钉截铁地说，"这就是'全部通过'这类题的要点。"

例1：长200米的火车，每秒行驶66米，经过长262米的桥，自车头进桥，到车尾出桥，需要多长时间？

马先生将题写出后，便一边画图，一边讲："用横线表示距离，OA是桥长，AB是车长，OB就是全部通过需要走的路程。用纵线表示时间。依照1和66'定倍数'的关系画OC，从C横看过去，得7，就是要走7秒钟。"

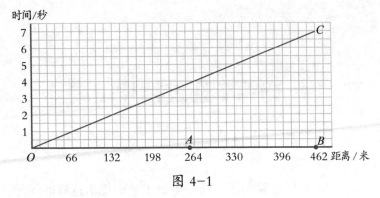

图 4-1

我且将算法补在这里：

$$（262 + 200） ÷ 66 = 7$$

$$\vdots \qquad \vdots \qquad \vdots \qquad \vdots$$

$$OA \qquad AB \qquad \vdots \qquad \vdots$$

$$\vdots \qquad \vdots \qquad \vdots \qquad \vdots$$

桥长　车长　　速度　时间

例2：长200米的列车，全部通过长400米的桥，耗时12秒，列车的速度是多少？

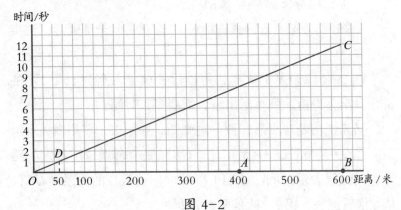

图 4-2

将例1做蓝本，这只是知道距离和时间，求速度的问题。它的算法，我也明白了：

$$（400+200）÷12 = 50$$

$$⋮ \quad ⋮ \quad ⋮ \quad ⋮$$

$$OA \quad AB \quad ⋮ \quad ⋮$$

$$⋮ \quad ⋮ \quad ⋮ \quad ⋮$$

桥长　车长　时间　速度

画图的方法，第一、二步全是相同的，不过第三步是连接 OC 得交点 D，由 D 竖看下来，得 50，即列车的速度是 50 米/秒。

例3：有人见一列火车驶入240米长的山洞，车头入洞后8秒，车身全部入内；共要20秒，火车完全出洞。求火车的速度和车长。

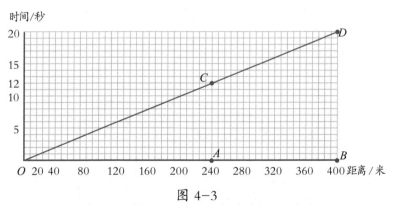

图 4-3

这道题，最初我也想不通，但一经马先生提示，便恍然大悟了：火车全部入洞要8秒钟，不用说，从车头出洞到全部出洞也是要8秒钟了。

明白了这一个关键，画图真是易如反掌啊！先以 *OA* 表示洞长，20 秒减去 8 秒，正是 12 秒，这就是车头从入洞到出洞所经过的时间 12 秒，因此得 *C* 点，连接 *OC*，就是列车的行进线。延长 *OC* 到 20 秒那点得 *D*。由此可知，火车每秒行 20 米，车长 *AB* 是 160 米。

算法是这样：

$240 \div (20-8) = 20$，即火车的速度。

$20 \times 8 = 160$，即火车的长。

例 4：*A*、*B* 两列货运火车，*A* 长 92 米，*B* 长 84 米，相向而行，从相遇到相离，经过 4 秒钟。如果 *B* 车追 *A* 车，从追上到超过，经过 16 秒钟。求各车的速度。

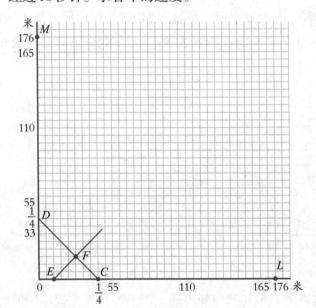

图 4-4

　　因为马先生的指定，周学敏将这问题解释如下：

　　"第一，依'全部通过'的要点，两车所行驶的距离总是两车长的和，因而得 OL 和 OM。"

　　"第二，两车相向而行，每秒共行驶的距离是它们速度的和。因为两车四秒相离，所以这速度的和等于两车长的和的 $\frac{1}{4}$，因而得 CD，表示'和一定'的线。"

　　"第三，两车同向相追，每秒所追上的距离是它们速度的差。因 16 秒追过，所以这速度的差等于两车长的和的 $\frac{1}{16}$，因而得 EF，表示'差一定'的线。"

　　"从 F 竖看得 27.5 米，是 B 车行驶的速度；横看得 16.5 米，是 A 车行驶的速度。"

　　经过这样的说明，算法自然容易明白了：

$$[\,(\,92+84\,)\div 4 + (\,92+84\,)\div 16\,]\div 2 = 27.5$$

　　　　速度和　　　　速度差　　　B 车的速度

$$[\,(\,92+84\,)\div 4 - (\,92+84\,)\div 16\,]\div 2 = 16.5$$

　　　　　　　　　　　　　　　A 车的速度

基本公式与例解

1. 基础概念与基本公式

（1）基础概念

在小学数学行程问题中，有一个非常经典的问题，那就是火车通过桥梁、山洞的问题。

以火车过桥为例。火车过桥问题是行程问题的一种，也有路程、速度与时间之间的数量关系，同时还涉及车长、桥长等问题。

（2）基本公式

$$火车速度 \times 时间 = 车长 + 桥长$$

例：一列火车长150米，每秒行60米。全车通过一座450米长的大桥需要多长时间呢？

解：（150+450）÷60＝10（秒）。

答：全车通过一座450米长的大桥需要10秒。

2. 强化训练

关于火车过桥这类问题，主要涉及三种题型，难点是对这三种题型的灵活运用。

（1）基本题型

这类问题需要注意两点：

①火车车长记入总路程。

②重点是车尾，就是车尾完全通过桥梁。

例：火车通过一条长1140米的桥梁用了50秒，火车穿过

1980米的隧道用了80秒。若这列火车过桥梁和隧道的速度相同，则此速度和火车长各是多少？

分析：火车全部通过桥梁、隧道问题，需要将火车的长度算进火车通过桥梁、隧道行驶的路程中。可设火车的长度为x米，因为火车通过桥梁和穿过隧道的速度不变，所以可以列出方程：$(1140+x)÷50=(1980+x)÷80$，解方程即可。

解：设火车长度为x米，而火车速度不变。根据题意，得

$$(1140+x)÷50=(1980+x)÷80。$$

解得$x=260$。

$$(1140+260)÷50=28（米/秒）。$$

答：这列火车的速度是28米/秒，车长是260米。

（2）错车或者超车

看哪辆车经过，路程和或差就是哪辆车的车长，常用公式如下：

①两列火车错车用的时间：

错车时间＝（甲车长+乙车长）÷（甲车速度+乙车速度）

②两列火车超车用的时间：

超车时间＝（甲车长+乙车长）÷（甲车速度-乙车速度）

（注：甲车追乙车）

例1：快、慢两列火车相向而行，快车的长度是50米，慢车的长度是80米；快车的速度是慢车的2倍。如果坐在慢车的人见快车驶过窗口的时间是5秒，那么坐在快车的人见慢车驶过窗口的时间是多少呢？

分析：换一种思考方式，不论是坐在哪辆车上，两辆车的相对速度都是一样的。不同的是慢车上的人看到的是快车的

长度，快车上的人看到的是慢车的长度，两车的相对速度为：$50 \div 5 = 10$（米/秒）。

解：设慢车的速度为 v 米/秒，那么快车的速度为 $2v$ 米/秒，快车上的人见慢车驶过窗口的时间为 t 秒。

当慢车上的人观察快车时：

$50 = 3v \times 5$，

$v = \dfrac{10}{3}$。

当快车上的人观察慢车时：

$80 = 3v \times t$，

$t = 8$。

答：坐在快车上的人见慢车驶过窗口的时间是 8 秒。

例2：一列客车通过 860 米长的大桥，需要 45 秒，用同样的速度穿过 620 米长的隧道需要 35 秒。这列客车行驶的速度及车身的长度各是多少？

分析：方法一，设车身长 x 米，根据客车通过大桥和隧道的速度相同可以列出等式，进而解答题目。

方法二，直接列式计算。

解：（方法一）

设车身长 x 米。根据题意，得

$(860 + x) \div 45 = (620 + x) \div 35$，

$(860 + x) \times 35 = (620 + x) \times 45$，

$860 \times 35 + 35x = 620 \times 45 + 45x$，

$45x - 35x = 860 \times 35 - 620 \times 45$，

$10x = 2200$，

$x = 220$。

（860 + 220）÷ 45 = 24（米/秒）。

（方法二）

这列客车的速度：

（860 − 620）÷（45 − 35）

= 240 ÷ 10

= 24（米/秒）。

这列客车的车身长：

24 × 45 − 860

= 1080 − 860

= 220（米）。

答：这列客车行驶的速度是24米/秒，车身的长度是220米。

（3）综合题

用车长求出速度，虽然不知道总路程，但是可以求出某两个时刻间两人或车之间的路程关系。

例：铁路旁有一条小路，一列长为110米的货运火车以每小时30千米的速度向南驶去，8点时追上向南行走的甲，15秒后离他而去；8点6分迎面遇到向北走的乙，12秒后离开乙。甲与乙何时相遇？

分析：根据火车追及问题可以求出甲的速度，根据相遇问题可以求出乙的速度，再根据求出8点时他们之间的距离，就可以求出他们相遇的时间。

解：火车速度为：

30 × 1000 ÷ 60 = 500（米/分），

15 秒 $=\dfrac{1}{4}$ 分，12 秒 $=\dfrac{1}{5}$ 分。

甲的速度为：

$$\left(500 \times \dfrac{1}{4}-110\right) \div \dfrac{1}{4}=60 \text{（米/分）；}$$

乙的速度为：

$$\left(110-500 \times \dfrac{1}{5}\right) \div \dfrac{1}{5}=50 \text{（米/分）。}$$

8 点时甲与乙相距：

$$\left(500+50\right) \times 6=3300 \text{（米），}$$

两人相遇还需：

$$3300 \div\left(60+50\right)=30 \text{（分），}$$

即 8 点 30 分两人相遇。

答：甲与乙 8 点 30 分相遇。

应用习题与解析

1．基础练习题

（1）某小学三、四年级学生共 528 人，排成四路纵队去看电影，队伍行进的速度是 25 米/分，前后两人都相距 1 米。现在队伍要走过一座桥，整个队伍从上桥到离桥共需 16 分钟。这座桥长多少米？

考点：全部通过桥梁的问题。

分析：某小学三、四年级学生共 528 人，排成四路纵队去看电影，那么一路纵队是 $528 \div 4$ 人，又因为前后两人都相距 1

米，所以一路纵队长为 $1 \times (528 \div 4 - 1)$ 米；因为队伍进行的速度是 25 米/分，整个队伍从上桥到离桥共需 16 分钟，所以队伍行进的路程是 25×16 米；根据基本公式"火车速度 $\times$ 时间 = 车长 + 桥长"即可求出桥长。

解：队伍长：

$1 \times (528 \div 4 - 1) = 131$（米），

队伍行进的路程：

$25 \times 16 = 400$（米），

桥长：

$400 - 131 = 269$（米）。

答：这座桥长 269 米。

（2）一列火车通过长 530 米的桥需要 40 秒，以同样的速度穿过长 380 米的山洞需要 30 秒。这列火车的速度是多少？车长是多少米？

考点：火车全部通过桥梁、山洞的问题。

分析：由题意知，火车在 40 秒内所行路程 = 530 米 + 车长，在 30 秒内所行路程 = 380 米 + 车长。这是因为火车通过桥，是从车头上桥算起到车尾离开桥；穿过山洞，是从车头进洞算起到车尾离洞，而车身长度不变。桥比山洞长：$530 - 380 = 150$（米），火车通过 150 米用的时间：$40 - 30 = 10$（秒）。因此火车的速度：$150 \div 10 = 15$（米/秒），车身长：$15 \times 40 - 530 = 70$（米）或 $15 \times 30 - 380 = 70$（米）。

解：火车的速度：

$(530 - 380) \div (40 - 30)$

$= 150 \div 10$

=15（米/秒），

车长：

15×30－380

=450－380

=70（米）。

答：这列火车的速度是15米/秒，车长是70米。

（3）一列火车长119米，它以15米/秒的速度行驶，小华以2米/秒的速度从火车道旁边的小路迎面跑来。经过几秒火车从小华身边通过？

考点：全部通过问题。

分析：本题是求从火车车头与小华相遇到车尾与小华相离经过的时间。依题意，必须要知道火车车头与小华相遇时，车尾与小华之间的距离、火车与小华的速度和进行解题。

解：火车与小华的速度和：

15＋2＝17（米/秒），

经过时间：

119÷17＝7（秒）。

答：经过7秒火车从小华身边通过。

（4）一列长300米的列车以108千米/时的速度通过一座隧道，列车车头进入隧道时的时间是11时59分12秒，列车车尾驶出隧道时的时间是12时3分40秒。这座隧道的长度是多少米？

考点：列车过桥问题。

分析：列车车头进入隧道时的时间是11时59分12秒，列车车尾驶出隧道时的时间是12时3分40秒，可知从列车车头

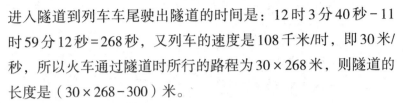

进入隧道到列车车尾驶出隧道的时间是：12时3分40秒－11时59分12秒＝268秒，又列车的速度是108千米/时，即30米/秒，所以火车通过隧道时所行的路程为30×268米，则隧道的长度是（30×268－300）米。

解：12时3分40秒－11时59分12秒＝268秒，

108千米＝108 000米，

1小时＝3600秒，

108000÷3600＝30（米/秒）。

$\quad$ 30×268－300

＝8040－300

＝7840（米）。

答：这座隧道的长度是7840米。

（5）一列180米长的火车途经一隧道，看监控记录知火车从进入隧道到完全离开隧道用时43秒，整列火车完全在隧道内的时间为23秒。隧道有多长？

考点： 行程问题中的火车通过隧道问题。

分析： 由"火车从进入隧道到完全离开隧道用时43秒"可知，火车43秒所行的路程是隧道长加车长，再由"整列火车完全在隧道内的时间为23秒"可知，火车23秒所行的路程是隧道长减车长，由此得出火车行驶两个车长的路程用了（43－23）秒，进而可求得火车的速度。根据"速度×时间＝路程"用火车的速度乘43可求得43秒所行的路程，再减去车长就是隧道的长。

解：火车的速度：

$$180 \times 2 \div (43 - 23)$$

$$= 360 \div 20$$

$$= 18（米/秒）；$$

隧道长：

$$18 \times 43 - 180$$

$$= 774 - 180$$

$$= 594（米）。$$

答：隧道长594米。

2. 巩固提高题

（1）甲以60米/分的速度沿铁路边的小路步行，一列长144米的火车从他身后开来，从他身边通过用了8秒。这列火车的速度是多少？

考点：列车全部通过问题。

分析：1分 = 60秒，甲的速度为 $60 \div 60 = 1$（米/秒），人与车的速度和为 $144 \div 8 = 18$（米/秒），车的速度为 $18 + 1 = 19$（米/秒）。

解：（方法一）

1分 = 60秒，

甲的速度为 $60 \div 60 = 1$（米/秒），

8秒甲走了 $1 \times 8 = 8$（米），

8秒车走了 $144 + 8 = 152$（米），

火车的速度为 $152 \div 8 = 19$（米/秒）。

（方法二）

设火车的速度为 x 米/秒，则火车与人的相对速度为 $(x-1)$ 米/秒，依题意，得

$8(x-1)=144$。

解得 $x=19$。

答：这列火车的速度是19米/秒。

（2）一列火车用24秒的时间通过了长360米的第一条隧道（即从车头进入到车尾离开出口），当这列火车通过长为216米的第二条隧道时，速度减少为原来的一半，且用了32秒通过。这列火车原来的速度和车长分别是多少？

考点：综合行程问题中的火车通过隧道问题。

分析：方法一，求出火车的速度，已知时间，就可以知道火车的长度。

方法二，设这列火车的车长为 x 米，因为火车通过长为216米的第二隧道时，速度减少为原来的一半，所以可列等式：$(x+360)\div24=2[(x+216)\div32]$，解方程即可。

解：（方法一）

火车原来的速度为：

$(360-216)\div(24-32\div2)=18$（米/秒）；

车长为：$18\times24-360=72$（米）。

（方法二）

设这列火车的车长为 x 米，因为火车通过长为216米的第二条隧道时，速度减少为原来的一半，所以可列方程：

$(x+360)\div24=2[(x+216)\div32]$。

解得 $x=72$。

（72＋360）÷24＝18（米/秒）。

答：这列火车原来的速度是18米/秒，车长为72米。

（3）某人沿着铁路边的便道步行，一列客车从身后开来，在他身旁通过的时间是15秒。客车长105米，通过他时每小时行驶28.8千米。这个人每小时行走多少千米？

考点：行程问题中的全部通过及追及问题。

分析：根据题意，客车行驶的时间和人行走的时间是一样的，而客车行驶的路程和人行走的路程正好相差车身的长度105米。根据题意，客车和人同时前进，人步行15秒走的距离＝车15秒行驶的距离－车身长。由此可进行求解。

解：15 秒 $=\dfrac{1}{240}$ 时，105 米 $=0.105$ 千米，

$$（28.8×\dfrac{1}{240}－0.105）÷\dfrac{1}{240}$$

$$=（0.12－0.105）×240$$

$$=0.015×240$$

$$=3.6（千米/时）。$$

答：这个人每小时行走3.6千米。

（4）在与铁路平行的公路上，一个步行的人和一个骑自行车的人同向前进，步行的人每秒走1米，骑车的人每秒走3米。在铁路上，从这两人后面有一列火车开来，火车通过步行的人用了22秒，通过骑车的人用了26秒。这列火车长多少米？

考点：列车过桥问题。

分析：此题应先求出火车的速度，然后根据路程、速度与时间的关系来求火车全长。在解题时应注意在求出火车的速度后减去步行人的速度，再乘22，即可求出火车全长。

解：设火车速度为 x 米/秒。由题意，得

$$22(x-1)=26(x-3)，$$

$$22x-22=26x-78，$$

$$x=14。$$

$$(14-1)\times22=286（米）。$$

答：这列火车长286米。

奥数习题与解析

1. 基础训练题

（1）一列火车车头及车厢共41节，每节车厢及车头长都是30米，车头与车厢、车厢与车厢之间的距离都是1米，这列火车以1000米/分的速度穿过山洞，恰好用了2分钟。这个山洞长多少米？

分析：题目的切入点是求出火车本身的长度以及火车所行驶的路程。

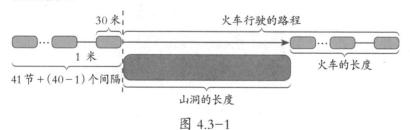

图 4.3-1

由图4.3-1易知，山洞的长度＝火车行驶的路程－火车的

长度，因此我们只需求出火车行驶的路程和火车的长度，两者相减即可。

解：$41-1=40$，

$41 \times 30+40=1270$（米）。

$1000 \times 2=2000$（米），

$2000-1270=730$（米）。

答：这个山洞长730米。

（2）两列相向而行的火车恰好在某站台相遇，如果甲火车长225米，每秒行驶25米；乙火车长180米，每秒行驶20米。甲、乙两列火车错车的时间是多少？

分析：错车的过程实质就是相遇，从车头相对，到车尾离开，错车路程就是我们之前学习过的相遇路程。根据题意，画图（如图4.3-2所示）。

图 4.3-2

两列火车相向开出，在某个站台相遇的情况，如图4.3-3。

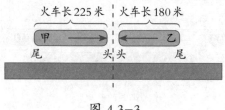

图 4.3-3

火车相遇的完整过程是要到从车头相对到车尾离开，即全部通过，如图4.3-4。

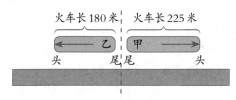

图 4.3-4

所以两列火车所行驶的路程就等同于两列火车本身的长度之和，为 225 + 180 = 405（米）。由题目可知两列火车的速度，所以速度和为 25 + 20 = 45（米/秒），错车时间为 405 ÷ 45 = 9（秒）。

解：225 + 180 = 405（米），

　　25 + 20 = 45（米/秒），

　　405 ÷ 45 = 9（秒）。

答：甲、乙两列火车错车的时间是9秒。

（3）一列长 125 米的客运火车经过一条长 150 米的隧道，由车头进入至整列火车完全驶出隧道用时 5.5 秒；再遇上另一列相向行驶的货运火车，错车用了 3 秒。若货运火车长 100 米，货运火车的速度是多少？

分析：一列长 125 米的客运火车经过一条长 150 米的隧道，由车头进入至整列火车完全驶出隧道用时 5.5 秒，那么这列火车的速度是：（125 + 150）÷ 5.5 = 50（米/秒）。再遇上另一列相向行驶的货运火车，错车用了 3 秒，即两车行驶（100 + 125）米用了 3 秒，则两车的速度和是：（100 + 125）÷ 3 = 75（米/秒），然后用减法求出货运火车的速度即可。

解： （100＋125）÷3－（125＋150）÷5.5

　　＝225÷3－275÷5.5

　　＝75－50

　　＝25（米/秒）。

答：货运火车的速度是25米/秒。

（4）一个人站在铁道（轨道是笔直的）旁，听见行近来的火车汽笛声，过了57秒火车到他面前。已知火车鸣笛时离他1360米，声速是340米/秒。火车的速度是多少呢？（结果保留整数）

分析：火车拉汽笛时离他1360米，因为声速是340米/秒，所以他听见汽笛声时，经过的时间是：1360÷340＝4（秒）。可见火车行驶1360米用的时间是：57＋4＝61（秒），用距离除以时间可求出火车的速度是：1360÷（57＋1360÷340）＝1360÷61≈22（米）。

解：　1360÷（57＋1360÷340）

　　＝1360÷61

　　≈22（米）。

答：火车的速度约是22米/秒。

2. 拓展训练题

（1）小芳站在铁路边的小路上，一列火车从她身边开过用了2分钟，已知这列火车长360米。这列火车以同样的速度通过一座大桥，用了6分钟。这座大桥长多少米呢？

分析：因为小芳站在铁路边不动，所以这列火车从她身边开过所行的路程就是车长，这样就很容易求出火车的速度。用火车的速度乘通过大桥所用的时间，就可以求出火车的长度与桥的长度之和。

解：（方法一）

$$360 \div 2 \times 6 - 360$$
$$= 180 \times 6 - 360$$
$$= 1080 - 360$$
$$= 720 （米）。$$

（方法二）

设这座大桥长 x 米。由题意，得

$$x + 360 = （360 \div 2） \times 6，$$
$$x + 360 = 180 \times 6，$$
$$x = 1080 - 360，$$
$$x = 720。$$

答：这座大桥长 720 米。

（2）一列火车的长度是 800 米，行驶速度为 60 千米/时，铁路上有两条隧道。火车通过第一条隧道用了 2 分钟；通过第二条隧道用了 3 分钟；通过这两条隧道共用了 6 分钟。两条隧道之间的距离是多少米？

分析：方法一，直接列式计算。首先统一单位，火车行驶的速度为：$60\,000 \div 60 = 1000$（米/分），那么通过的第一条隧道长为：$1000 \times 2 - 800 = 1200$（米）；通过的第二条隧道长为：$1000 \times 3 - 800 = 2200$（米）；通过这两条隧道行驶的路程为：$1000 \times 6 = 6000$（米），作差即可得到结果。方法二，算出通过两条隧道之间距离的时间为：$6 - 3 - 2 = 1$（分），这段时间行驶的路程为：$1000 \times 1 = 1000$（米），所以两条隧道之间的距离为：$1000 + 800 = 1800$（米）。

解：（方法一）

60千米＝60 000米，60 000÷60＝1000（米/分）。

第一条隧道长：

1000×2－800＝1200（米）；

第二条隧道长：

1000×3－800＝2200（米）。

两条隧道相距：

1000×6－1200－2200－800＝1800（米）。

（方法二）

60千米/时＝1000米/分，

从车尾离开第一条隧道到车头进入第二条隧道，火车行驶的时间：6－3－2＝1（分）。

这段时间火车行驶的路程：

1000×1＝1000（米），

1000＋800＝1800（米）。

答：两条隧道之间的距离是1800米。

课外练习与答案

1. 基础练习题

（1）一列慢车，车身长120米，车速是20米/秒；一列快车，车身长150米，车速是34米/秒。两车在双轨轨道上相向而行。从车头相遇到车尾相离要用多少秒？

（2）一列火车长150米，每秒行20米。全车通过一座450米长的大桥需要多长时间？

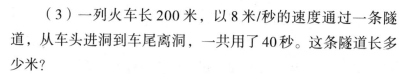

（3）一列火车长 200 米，以 8 米/秒的速度通过一条隧道，从车头进洞到车尾离洞，一共用了 40 秒。这条隧道长多少米？

（4）一支队伍长 1200 米，以 80 米/分的速度行进。队伍前面的联络员用 6 分钟的时间跑到队尾传达命令。联络员每分钟行多少米呢？

（5）小刚在铁路旁边沿铁路方向的公路上跑步，他跑步的速度是 2 米/秒，这时后面开来一列火车，从车头到车尾经过他身旁共用了 18 秒。已知火车长 342 米，火车的速度是多少？

（6）慢车车身长 125 米，车速为 17 米/秒；快车车身长 140 米，车速为 22 米/秒。慢车在前面行驶，快车从后面追上到完全超过慢车一共需要多少秒？

2. 提高练习题

（1）某列火车通过 360 米长的第一隧道用了 24 秒，接着通过 216 米长的第二隧道用了 16 秒。这列火车与另一列长 75 米、时速为 86.4 千米的火车相向而行，错车的时间是多少？

（2）一列火车通过一座长 1260 米的桥梁（车头上桥直至车尾离开桥）用了 60 秒，火车穿越长 2010 米的隧道用了 90 秒。这列火车的车速和车身长分别是多少？

（3）火车通过长为 102 米的铁桥用了 24 秒，如果火车的速度提高 1 倍，它通过长为 222 米的隧道用了 18 秒。求火车原来的速度和它的长度。

（4）火车通过 450 米长的铁桥用了 23 秒，经过一位站在铁路边的扳道工人用了 8 秒。火车的速度和长度各是多少？

（5）在双轨铁道上，速度为 54 千米/时的货车 10 时到达铁桥，10时1分24秒完全通过铁桥，后来一列速度为72千米/时的客车，10时12分到达铁桥，10时12分53秒完全通过铁桥，10时48分56秒客车完全超过在前面行驶的货车。货车、客车和铁桥的长度各是多少米？

（6）一列火车长210米，从路边的一棵大树旁通过用了6秒，以同样的速度通过一座大桥用了14秒。这座大桥的长度是多少？

（7）某列火车通过342米的隧道用了23秒，接着通过234米的隧道用了17秒。如果这列火车与另一列长88米，速度为22米/秒的火车错车而过，需要多少秒？

3. 经典练习题

（1）一列火车长150米，每秒行驶19米。全车通过长800米的大桥，需要多少时间？

（2）一列火车长200米，以8米/秒的速度通过一条隧道，从车头进洞到车尾离洞，一共用了40秒。这条隧道长多少米？

（3）一列火车通过长540米的桥需30秒，以同样的速度穿过某隧道需20秒。已知这列火车全长210米，这条隧道长多少米？

（4）一列火车长200米，它以30米/秒的速度穿过长700米的隧道。从车头进入隧道到车尾离开隧道共需多少时间？

（5）一列火车长240米，每秒行驶15米，全车连续通过一条隧道和一座桥，共用40秒。已知桥长150米，这条隧道长多少米？

（6）一列火车通过800米长的桥需55秒，通过500米长的隧道需 40 秒。该列火车与另一列长 384 米、每秒行 18 米的火车迎面错车，需要多少秒？

（7）甲、乙、丙三只蚂蚁从 A、B、C 三个不同的洞穴同时出发，分别向洞穴 B、C、A 爬去。同时到达后，继续向洞穴 C、A、B 爬去，然后分别返回自己的洞穴。如果甲、乙、丙三只蚂蚁爬行路径相同，爬行的总距离都是 7.3 米，所用时间分别是 6 分钟、7 分钟和 8 分钟。蚂蚁乙从洞穴 B 到达洞穴 C 爬行了多少米？蚂蚁丙从洞穴 C 到达洞穴 A 爬行了多少米？

 答　案

1. **基础练习题**

（1）从车头相遇到车尾相离要用 5 秒。

（2）全车通过一座 450 米长的大桥需要 30 秒。

（3）这条隧道长 120 米。

（4）联络员每分钟行 120 米。

（5）火车的速度是 21 米/秒。

（6）快车从后面追上到完全超过慢车一共需要 53 秒。

2. **提高练习题**

（1）错车的时间是 3.5 秒。

（2）这列火车的车速是 25 米/秒，车身长是 240 米。

（3）火车原来的速度是 10 米/秒，长度是 138 米。

（4）火车的速度是 30 米/秒，长度是 240 米。

（5）货车的长度是 480 米，客车的长度是 280 米，铁桥的

长度是780米。

（6）这座大桥的长度是280米。

（7）需要4秒。

3. 经典练习题

（1）需要50秒。

（2）这条隧道长120米。

（3）这条隧道长290米。

（4）车头进入隧道到车尾离开隧道共需30秒。

（5）这条隧道长210米。

（6）需要18秒。

（7）蚂蚁乙从洞穴 B 到达洞穴 C 爬行了2.4米。蚂蚁丙从洞穴 C 到达洞穴 A 爬行了2.1米。

◆ 韩信点兵一口清

昨天马先生临近下课时叫我们复习关于质数、最大公因数和最小公倍数的问题。

从前学习它们的时候，着实感到困难。现在不能说一点困难都没有，不过，已经不再像以前那样摸不着头脑了。怀着这样的心情，今天，到课堂去听马先生的课。

"我叫大家复习的，都复习过了吗?"马先生一走上讲台就问。

"复习过了!"两三个人齐声回答。

"那么，有什么问题?"

每个人都是瞪大双眼，望着马先生，没有一个问题提出来。马先生在这静默中，看了大家一遍:

"学算学的人，大半在这一部分不会感到什么困难的，你们大概也不会有什么问题了。"

我不曾发觉什么困难，照这样说，自然是由于这部分问题比较容易。心里这么一想，就期待着马先生的下文。

"既然大家都没有问题，我且提出一个来问你们: 这部分问题，我们也用画图来处理它吗? "

"那似乎可以不必了!"周学敏回答。

"似乎？可以就可以，不必就不必，何必'似乎'！"马先生笑着说。

"不必！"周学敏斩钉截铁地说。

"问题不在必和不必。既然有了这样一种法门，正可拿它来试试，看变得出什么花招来，不是也很有趣吗？"说完，马先生停了一停，再问，"这一部分所处理的问题是什么？"

当然，这是谁也答得上来的，大家抢着说："找质数。"

"分解质因数。"

"求最大公因数和最小公倍数。"

"归根结底，不过是判定质数和计算倍数与因数，这只是一种关系的两面。12是6、4、3、2的倍数；反过来看，6、4、3、2便是12的因数了。"马先生这样结束了大家的话。

"你们将横线每一大段当1表示倍数，纵线每一小段当1表示数目，画表示2的倍数和3的倍数的两条线。"马先生说。

这只是"定倍数"的问题，已没有一个人不会画了。马先生在黑板上也画了图5-1。

"从这图上，可以看出些什么来？"马先生问。

"2的倍数是2、4、6、8、10、12。"我答。

"3的倍数是3、6、9、12、15、18。"周学敏说。

"还有呢？"

"5、7、11、13、17都是质数。"王有道说。

"怎么看出来的？"

这几个数都是质数，我本是知道的，但从图上怎么看出来的，我却茫然了。马先生的追问，正是我的疑问了。

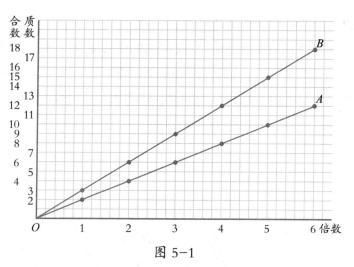

图 5-1

"OA 和 OB 两条线都没有经过它们，所以它们既不是 2 的倍数，也不是 3 的倍数……"说到这里，王有道突然停住了。

"怎样？"马先生问道。

"它们总是质数呀！"王有道很不自然地说。这一来大家都已发现，这里面一定有了漏洞，王有道大概也明白了。不期然而然地，大家一齐笑了起来。我也是跟着笑的，不过我并未发现这漏洞。

"这没有什么可笑的。"马先生很郑重地说，"王有道，你回答的时候也有点迟疑了，为什么呢？"

"由图上看来，它们都不是 2 和 3 的倍数，而且我知道它们都是质数，所以我那样说。但突然想到，25 既不是 2 和 3 的倍数，也不是质数，便疑惑起来了。"王有道这么一解释，我才恍然大悟，漏洞原来在这里。

马先生露出很满意的笑容，接着说："其实这个判定法，本是对的，不过欠严谨一点，你是上了图的当。假如图还可以

画得详细些，你就不会这样说了。"

马先生叫我们另画一个较详细的图（如图5-2），将表示2、3、5、7、11、13、17、19、23、29、31、37、41、43、47各倍数的线都画出来。不用说，这些数都是质数。

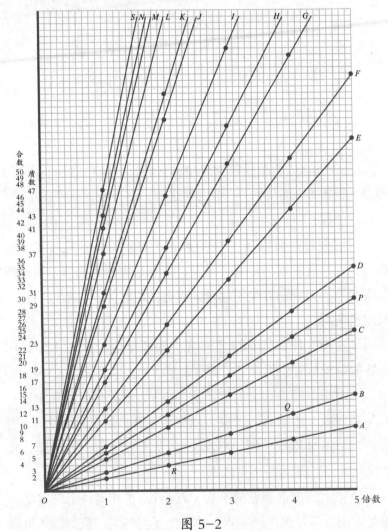

图 5-2

从图5-2上，50以内的合数当然可以很清楚地看出来。不过，我有点怀疑。马先生原来是要我们从图上找质数，既然把表示质数的倍数的线都画了出来，还用得找什么质数吗？

马先生还叫我们画一条表示6的倍数的线OP。他说："由这张图看，当然再不会说，不是2和3的倍数的，便是质数了。你们再用表示6的倍数的一条线OP作标准，仔细看一看。"

经过十多分钟的观察，我发现了："质数都比6的倍数多1或少1。"

"不错。"马先生说，"但是应得补充一句，除了2和3。"这确实是我不曾注意到的。

"为什么5以上的质数都比6的倍数多1或少1呢？"周学敏提出了这样一个问题。

马先生叫我们回答，但没有人答得上来，他说："这只是事实问题，不是为什么的问题。换句话说，便是整数的性质本来如此，没有原因。"

对于这个解释，大家好像都有点莫名其妙，没有一个人说话。马先生接着说："一点也不稀罕！你们想一想，随便一个数，用6去除，结果怎样呢？"

"有的除得尽，有的除不尽。"周学敏说道。

"除得尽的就是6的倍数，当然不是质数。除不尽的呢？"

没有人回答，我也想得到有的是质数，如23；有的不是质数，如25。

马先生见没有人回答，便这样说："你们想想看，一个数用6去除，如果除不尽，它的余数是什么？"

"1，例如7。"周学敏说。

"5，例如17。"另一个同学又说。

"2，例如14。"又是一个同学说。

"4，例如10。"其他两个同学同时说。

"3，例如21。"我也想到了。

"没有了。"王有道来一个结束。

"很好！"马先生说，"用6除余2的数，有什么数可把它除尽吗？"

"2。"我想它用6除余2，当然是个偶数，可用2除得尽。

"那么，除了余4的呢？"

"一样！"我高兴地说。

"除了余3的呢？"

"3！"周学敏快速地说。

"用6除余1或5的呢？"

这我也明白了。5以上的质数既然不能用2和3除得尽，当然也不能用6除得尽。用6去除不是余1便是余5，都和6的倍数差1。

不过马先生又另外提出一个问题："5以上的质数都与6的倍数差1，掉转头来，可不可以这样说呢？与6的倍数差1的都是质数？"

"不！"王有道说，"例如25是6的4倍多1，35是6的6倍少1，都不是质数。"

"这就对了！"马先生说，"所以你刚才用不是2和3的倍数来判定一个数是质数，是不严谨的。"

"马先生！"我的疑问始终不能解释，趁他没有说下去，我便问，"由作图的方法，怎样可以判定一个数是不是质数呢？"

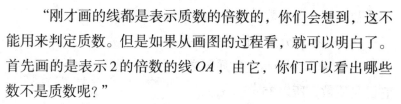

"刚才画的线都是表示质数的倍数的，你们会想到，这不能用来判定质数。但是如果从画图的过程看，就可以明白了。首先画的是表示2的倍数的线OA，由它，你们可以看出哪些数不是质数呢？"

"4、6、8……一切偶数。"我答道。

"接着画表示3的倍数的线OB呢？"

"6、9、12……"一个同学说。

"4既然不是质数，上面一个是5，第三就画表示5的倍数的线OC。"这一来又得出它的倍数10、15……再依次上去，6已是合数，所以只好画表示7的倍数的线OD。接着，8、9、10都是合数，只好画表示11的倍数的线OE。

"照这样画下去，把合数渐渐地淘汰了，所画的线所表示的不全都是质数的倍数吗？这幅图，我们不妨叫它质数图。"

"我还是不明白，用这幅质数图，怎样判定一个数是否是质数？"我跟着发问。

"这真叫作百尺竿头，只差一步了！"马先生很诚恳地说，"你试举一个合数与一个质数出来。"

"15与37。"

"从15横看过去，有些什么数的倍数？"

"3的和5的。"

"从37横着看过去呢？"

"没有！"我已懂得了。在质数图上，由一个数横看过去，如果有别的数的倍数，它自然是合数；一个也没有的时候，它就是质数。不只这样，例如15，还可知道它的质因数是3和5。最简单的，6的质因数是2和3。马先生还说，用这幅质数图把一个合数分成质因数，也是容易的。

例1：将35分成质因数的积。

由35横看到D得它的质因数，有一个是7，往下看是5，它已是质数，所以$35 = 7 \times 5$。

本来，如果这幅图的右边没有截去，7和5都可由图上直接看出来的。

例2：将12分成质因数的积。

由12横看得Q，表示3的4倍。4还是合数，由4横看得R，表示2的2倍，2已是质数，所以$12 = 3 \times 2 \times 2 = 3 \times 2^2$。

关于质数图的画法，以及用它来判定一个数是否是质数，用它来将一个合数拆成质因数的积，我们都已经明白了。马先生提出求最大公因数的问题。前面说过的既然已明了，这自然是迎刃而解的了。

例3：求12、18和24的最大公因数。

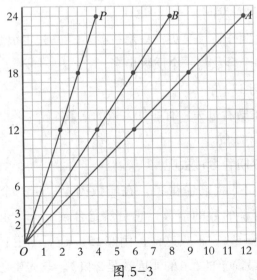

图 5-3

从质数图上，如图5-3，我们可以看出24、18和12都有因数2、3和6。它们都是24，18，12的公因数，而6就是所求的最大公因数。

"假如不用质数图，怎样由画图法找出这三个数的最大公因数呢？"马先生问王有道。

王有道一边思索，一边用手指在桌上画来画去，后来他这样回答："把最小一个数以下的质数找出来，再画出表示这些质数的倍数的线。由这些线上，就可看出各数所含的公共质因数。它们的乘积，就是所求的最大公因数。"

例4：求6、10和15的最小公倍数。

依照前面各题的解法，本题是再容易不过了。如图5-4，OA、OB、OC 相应地表示6、10、15的倍数。A、B 和 C 同在30的一条横线上，30便是所求的最小公倍数。

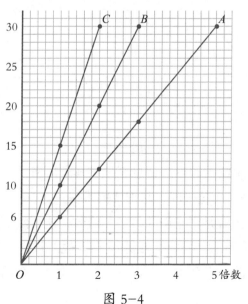

图 5-4

例5：某数，3个3个地数，剩1个；5个5个地数，剩2个；7个7个地数，也剩1个。求该数。

马先生写好了这道题，叫我们讨论画图的方法。自然，这不是很难，经过一番讨论，我们就画出图5-5来。*PA*、*QB*、*PC*各线分别表示3的倍数多1，5的倍数多2，7的倍数多1。而这三条线都经过22的线上，22即是所求。

马先生说，这是最小的一个，加上3、5、7的公倍数，都符合题意。不是吗？22正是3的7倍多1，5的4倍多2，7的3倍多1。

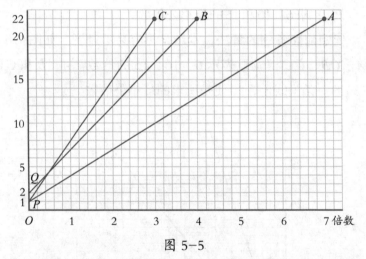

图 5-5

"你们由画图的方法，总算把答案求出来了，但是算法是什么呢？"马先生这一问，却把我们难住了。

先是有人说是求它们的最小公倍数，这当然不对，3、5、7的最小公倍数是105呀！后来又有人说，从它们的最小公倍数中减去3除所余的1。也有人说减去5除所余的2。自然都不是。

从图上细看，也毫无结果。最终只好去求教马先生了。他见大家都束手无策，便开口道："这本来是一个老题目，它还有一个别致的名称'韩信点兵'。它的算法有一首诗：'三人同行七十稀，五树梅花廿一枝，七子团圆月正半，除百零五便得知。'你们懂得这首诗的意思吗？"

"不懂！不懂！"许多人都说。

于是马先生加以解释："这也和'无边落木萧萧下'的谜一样。'三人同行七十稀'，是说3除所得的余数用70去乘它。'五树梅花廿一枝'，是说5除所得的余数，用21去乘。'七子团圆月正半'，是说7除所得的余数用15去乘。'除百零五便得知'，是说把上面所得的3个数相加，加得的和如果大于105，便把105的倍数减去。因此得出来的，就是最小的一个数。好！你们依照这个方法将本题计算一下。"

下面就是计算的式子：

$1 \times 70 + 2 \times 21 + 1 \times 15 = 70 + 42 + 15 = 127$，

$127 - 105 = 22$。

奇怪！对是对了，但为什么呢？周学敏还拿出了一道题，"三三数剩二，五五数剩三，七七数剩四"来试：

$2 \times 70 + 3 \times 21 + 4 \times 15 = 140 + 63 + 60 = 263$，

$263 - 105 \times 2 = 263 - 210 = 53$。

53正是3的17倍多2，5的10倍多3，7的7倍多4。真奇怪！但是为什么？

对于这个疑问，马先生说，把上面的式子改成下面的形式，就明白了。

$$(1)\ 2\times70+3\times21+4\times15=2\times(69+1)+3\times21+4\times15$$
$$=2\times23\times3+2\times1+3\times7\times3+4\times5\times3$$
$$=(2\times23+3\times7+4\times5)\times3+2\times1$$

$$(2)\ 2\times70+3\times21+4\times15=2\times70+3\times(20+1)+4\times15$$
$$=2\times14\times5+3\times4\times5+3\times1+4\times3\times5$$
$$=(2\times14+3\times4+4\times3)\times5+3\times1$$

$$(3)\ 2\times70+3\times21+4\times15=2\times70+3\times21+4\times(14+1)$$
$$=2\times10\times7+3\times3\times7+4\times2\times7+4\times1$$
$$=(2\times10+3\times3+4\times2)\times7+4\times1$$

"这三个式子，可以说是同一个数的三种解释：（1）表明它是3的倍数多2。（2）表明它是5的倍数多3。（3）表明它是7的倍数多4。这不是正和题目所给的条件相符吗？"

马先生说完了，王有道似乎已经懂得，但是又有点怀疑的样子。他犹豫了一阵，向马先生提出这么一个问题："用70去乘3除所得的余数，是因为70是5和7的公倍数，又是3的倍数多1。用21去乘5除所得的余数，是因为21是3和7的公倍数，又是5的倍数多1。用15去乘7除所得的余数，是因为15是5和3的倍数，又是7的倍数多1。这些我都明白了。但是，这70、21和15怎么找出来的呢？"

"这个问题，提得很合适！"马先生说，"这类题的要点，就在这里。5和7的最小公倍数是什么？"

"35！"一个同学回答。

"3除35，剩多少？"

"2！"另一个同学回答。

"注意！我们所要的是 5 和 7 的公倍数，同时又是 3 的倍数多 1 的一个数。35 当然不是，将 2 去乘它，得 70，既是 5 和 7 的公倍数，又是 3 的倍数多 1。至于 21 和 15 情形也相同。不过 21 已是 3 和 7 的公倍数，又是 5 的倍数多 1；15 已是 5 和 3 的公倍数，又是 7 的倍数多 1，所以用不到再把什么数都去乘它了。"

最后，马先生还补充一句："我提出这道题的原意，是要你们知道，它的形式虽然和求最小公倍数的题相同，实质上却是两回事，必须要加以注意。"

基本公式与例解

据说有一次汉王刘邦为了考大将军韩信，随便拨来几十名士兵，让军士清点人数，军士回报说：士兵们站3人一排，多出2人；站5人一排，多出3人；站7人一排，多出2人。刘邦问韩信，一共有多少名士兵，韩信立即就得到了准确的士兵数量：23人。这个小故事就成为"韩信点兵"问题的由来。

1. 除数是3、5、7

对于这种问题可以利用口诀进行解决：

> 三人同行七十稀，
>
> 五树梅花二十一。
>
> 七子团圆正半月，
>
> 除百零五便得知。

这四句话的意思是：

三人同行七十稀：将除以3的余数乘70。

五树梅花二十一：将除以5的余数乘21。

七子团圆正半月：将除以7的余数乘15。

除百零五便得知：将以上三个数相加，求得的和除以105，所得余数便是所求。

通过这个口诀，上面这个问题的计算方式就是：

$(2 \times 70 + 3 \times 21 + 2 \times 15) \div 105 = 2 \cdots\cdots 23$。

所以这支队伍最少有23人。当然，符合这个题目的不止

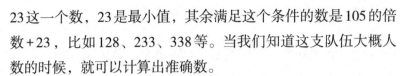

23这一个数，23是最小值，其余满足这个条件的数是105的倍数+23，比如128、233、338等。当我们知道这支队伍大概人数的时候，就可以计算出准确数。

例1：有一堆苹果，3个3个地数，剩1个；5个5个地数，剩2个；7个7个地数，剩1个。这堆苹果最少有多少个？

解：$(1 \times 70 + 2 \times 21 + 1 \times 15) \div 105$

$= 127 \div 105$

$= 1 \cdots\cdots 22$。

答：这堆苹果最少有22个。

例2：有一次韩信带领1000～1100名士兵打仗，让军士清点人数，军士回报说：士兵们3人站一排，多出2人；5人站一排，多出4人；7人站一排，多出5人。那么这次韩信一共带了多少名士兵？

解：$(2 \times 70 + 4 \times 21 + 5 \times 15) \div 105$

$= (140 + 84 + 75) \div 105$

$= 299 \div 105$

$= 2 \cdots\cdots 89$。

因为总人数在1000～1100人内，所以总人数是：

$105 \times 9 + 89 = 1034$（人）。

答：这次韩信一共带了1034名士兵。

2. 除数不是3、5、7

对于这样的问题，要先观察，是否存在规律，如果符合一定的规律，那么可以通过口诀来实现；如果没有规律，那么就要通过一些特殊方法来处理。

（1）有规律问题的解法

和同加和，差同减差，余同取余，最小公倍加。

先说明最小公倍加：无论什么情况，先把最小公倍数求出来，这个是基础，然后根据不同情况进行辨别如何继续处理。

① 和同加和：如果不同除数和余数的和相同，那么就把这个和，加到最小公倍数上。

例：一个数，除以 5 余 3，除以 6 余 2，除以 7 余 1。这个数是多少呢？

解：5、6、7 的最小公倍数是 210，因为 $5+3=6+2=7+1=8$，所以这个数最小就是 8。其余满足条件的数是 210 的倍数 + 8，比如 218、428、638 等。

② 差同减差：如果不同除数和余数的差相同，那么就用最小公倍数减这个差。

例：一个数，除以 5 余 3，除以 6 余 4，除以 7 余 5。这个数是多少呢？

解：5、6、7 的最小公倍数是 210，因为 $5-3=6-4=7-5=2$，所以这个数最小就是 $210-2=208$。其余满足条件的数是 210 的倍数 + 208，比如 418、628、838 等。

③ 余同取余：如果余数都相同，直接把余数加到最小公倍数上。

例：一个数，除以 5 余 3，除以 6 余 3，除以 7 余 3。这个数是多少？

解：5、6、7 的最小公倍数是 210，因为余数都是 3，所以这个数最小就是 3。其余满足条件的数是 210 的倍数+3，比如213、423、633等。

（2）无规律问题的解法

除数两两寻找公倍数，找出符合第三个条件的数，三个数相加，除以三个除数的最小公倍数，所得余数就是最终结果。

例：一筐苹果，如果按5个一堆放，最后多出2个；如果按6个一堆放，最后多出3个；如果按7个一堆放，还多出1个。这筐苹果至少有多少个？

解：先找出6和7的公倍数：[6，7]=42；从中选取一个最小的、能够除以5余1的数，是126；用这个数乘5的余数：$126 \times 2 = 252$。

再找出5和7的公倍数[5，7]=35；从中选取一个最小的、能够除以6余1的数，是175；用这个数乘6的余数：$175 \times 3 = 525$。

最后找出5和6的公倍数：[5，6]=30；从中选取一个最小的、能够除以7余1的数，是120；用这个数乘7的余数：$120 \times 1 = 120$。

将上述三个数相加：$252 + 525 + 120 = 897$；5、6、7的最小公倍数：[5，6，7]=210；897除以210所得的余数就是最终答案：$897 \div 210 = 4 \cdots\cdots 57$。

答：这筐苹果至少有57个。

应用习题与解析

1. 基础练习题

（1）张二婶养鸭子，她总也数不清一共有多少只鸭子。她先是 3 只 3 只地数，结果剩 1 只；她又 5 只 5 只地数，结果剩 4 只；她又 7 只 7 只地数，结果剩 2 只。张二婶至少养了多少只鸭子？

考点：韩信点兵问题。

分析：根据口诀，我们知道除以 3 的余数是 1，所以是 $1 \times 70 = 70$；除以 5 的余数是 4，所以是 $4 \times 21 = 84$；除以 7 的余数是 2，所以是 $2 \times 15 = 30$。三个数相加，求的和除以 105，余数就是鸭子的数量。

解：$(1 \times 70 + 4 \times 21 + 2 \times 15) \div 105$

$= 184 \div 105$

$= 1 \cdots\cdots 79$。

答：张二婶至少养了 79 只鸭子。

（2）一篮鸡蛋，3 个 3 个地数，剩 2 个；5 个 5 个地数，也剩 2 个；7 个 7 个地数，剩 3 个。篮子里至少有多少个鸡蛋？

考点：韩信点兵问题。

分析：根据口诀，我们知道除以 3 的余数是 2，所以是 $2 \times 70 = 140$；除以 5 的余数是 2，所以是 $2 \times 21 = 42$；除以 7 的余数是 3，所以是 $3 \times 15 = 45$。三个数相加，求的和除以 105，余数就是鸡蛋的数量。

解：（$2 \times 70 + 2 \times 21 + 3 \times 15$）$\div 105$

$= 227 \div 105$

$= 2 \cdots\cdots 17$。

答：篮子里至少有17个鸡蛋。

（3）一个大于10的数，除以4余3，除以5余2，除以6余1。这个数最小是多少？

考点：和同加和。

分析：因为$4+3=5+2=6+1=7<10$，所以三个除数的最小公倍数$+7$，就是符合题目条件的最小数。

解：因为$[4，5，6]=60$，

$4+3=5+2=6+1=7$，

所以$60+7=67$。

答：这个数最小是67。

（4）一个数，除以4余1，除以5余2，除以6余3。这个数最小是多少？

考点：差同减差。

分析：因为$4-1=5-2=6-3=3$，所以三个除数的最小公倍数-3，就是符合题目条件的最小数。

解：因为$[4，5，6]=60$，

$4-1=5-2=6-3=3$，

所以$60-3=57$。

答：这个数最小是57。

（5）一个数，除以4余1，除以5余1，除以6余1。这个数最小是多少呢？

考点：余同取余。

分析：因为三个余数都是1，所以三个除数的最小公倍数+1，就是符合题目条件的最小数。

解：因为[4，5，6]=60，

所以60+1=61。

答：这个数最小是61。

（6）一个数除以5余3，除以6余5，除以7余2，适合这些条件的最小数是多少呢？

考点：无规律问题。

分析：这道题除数和余数没有关系可寻，要根据"中国余数定理"寻找公倍数的方法进行计算。

解：[6，7]=42，根据$42n÷5$余3，所以取$42×4=168$；

[7，5]=35，根据$35n÷6$余5，所以取$35×1=35$；

[5，6]=30，根据$30n÷7$余2，所以取$30×1=30$。

又因为[5、6、7]=210，

所以（168+35+30）÷210=1……23。

答：适合这些条件的最小数是23。

（7）一个数除以3余1，除以4余2，除以5余4，适合这些条件的最小数是多少呢？

考点：无规律问题。

分析：这道题除数和余数没有关系可寻，要根据"中国余数定理"寻找公倍数的方法进行计算。

解：[4，5]=20，根据$20n÷3$余1，所以取$20×2=40$；

[3，5]=15，根据$15n÷4$余2，所以取$15×2=30$；

[3，4]=12，根据$12n÷5$余4，所以取$12×2=24$。

又因为[3，4，5]=60，

所以（40＋30＋24）÷60＝1……34。

答：适合这些条件的最小数是34。

2. 巩固提高题

（1）一个数除以3余2，除以5余2，除以7余4，适合这些条件的最小数是多少呢？

考点： 韩信点兵问题。

分析： 根据口诀，我们知道除以3的余数是2，所以是2×70＝140；除以5的余数是2，所以是2×21＝42；除以7的余数是4，所以是4×15＝60。三个数相加，求的和除以105，余数就是适合这些条件的最小数。

解： （2×70＋2×21＋4×15）÷105

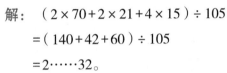

　　　＝（140＋42＋60）÷105

　　　＝2……32。

答：适合这些条件的最小数是32。

（2）一个大于10的数，除以6余4，除以7余3，除以9余1。这个数最小是多少呢？

考点： 和同加和。

分析： 因为6＋4＝7＋3＝9＋1＝10，所以三个除数的最小公倍数＋10，就是符合题目条件的最小数。

解： 因为[6，7，9]＝126，

　　　6＋4＝7＋3＝9＋1＝10，

　　　所以126＋10＝136。

答：这个数最小是136。

（3）一个数，除以4余1，除以6余3，除以7余4。这个数最小是多少呢？

考点：差同减差。

分析：因为 $4-1=6-3=7-4=3$ ，所以三个除数的最小公倍数 -3 ，就是符合题目条件的最小数。

解：因为 $[4，6，7]=84$ ，

$4-1=6-3=7-4=3$ ，

所以 $84-3=81$ 。

答：这个数最小是 81。

（4）一个数，除以 5 余 2，除以 7 余 2，除以 9 余 2。这个数最小是多少？

考点：余同取余。

分析：因为余数都是 2，所以三个除数的最小公倍数 $+2$ ，就是符合题目条件的最小数。

解：因为 $[5，7，9]=315$ ，

所以 $315+2=317$ 。

答：这个数最小是 317。

（5）一个数除以 3 余 2，除以 7 余 4，除以 8 余 5，适合这些条件的最小数是多少？

考点：无规律问题。

分析：这道题除数和余数没有关系可寻，要根据"中国余数定理"寻找公倍数的方法进行计算。

解：$[7，8]=56$ ，根据 $56n÷3$ 余 2，所以取 $56×1=56$ ；

$[3，8]=24$ ，根据 $24n÷7$ 余 4，所以取 $24×6=144$ ；

$[3，7]=21$ ，根据 $21n÷8$ 余 5，所以取 $21×1=21$ 。

又因为 $[3，7，8]=168$ ，

所以 $（56+144+21）÷168=1……53$ 。

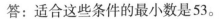

答：适合这些条件的最小数是53。

（6）一个数除以3余2，除以5余4，除以7余3，除以8余2，适合这些条件的最小数是多少？

考点：无规律问题。

分析：这道题一共有四个条件，则需要三三寻找公倍数，再找出符合第四个条件的数。

解：$[5，7，8]=280$，根据 $280n÷3$ 余2，所以取 $280×2=560$；

$[3，7，8]=168$，根据 $168n÷5$ 余4，所以取 $168×3=504$；

$[3，5，8]=120$，根据 $120n÷7$ 余3，所以取 $120×3=360$；

$[3，5，7]=105$，根据 $105n÷8$ 余2，所以取 $105×2=210$。

又因为 $[3，5，7，8]=840$，

所以 $（560+504+360+210）÷840=1……794$。

答：适合这些条件的最小数是794。

（7）某校九年级的学生，每9人一排多5人，每7人一排多1人，每5人一排多2人。这个学校九年级至少有多少人？

考点：无规律问题。

分析：这道题除数和余数没有关系可寻，要根据"中国余数定理"寻找公倍数的方法进行计算。

解：$[7，5]=35$，根据 $35n÷9$ 余5，所以取 $35×4=140$；

$[9，5]=45$，根据 $45n÷7$ 余1，所以取 $45×5=225$；

$[9，7]=63$，根据 $63n÷5$ 余2，所以取 $63×4=252$。

又因为[5，7，9]=315，

所以（140+225+252）÷315=1……302。

答：这个学校九年级至少有302人。

奥数习题与解析

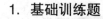

1. 基础训练题

（1）有大约400个苹果，6个6个地数余5个，7个7个地数余4个，9个9个地数余2个。一共有多少个苹果？

分析：因为6+5=7+4=9+2=11，所以满足条件的数一定是三个除数的最小公倍数的整数倍与11的和，再结合题目中"有大约400个苹果"的限制，计算出符合题意的数值。

解：因为[6，7，9]=126，

6+5=7+4=9+2=11，

大约400个苹果，所以126×3+11=389。

答：一共有389个苹果。

（2）有一个数，除以4余2，除以6余4，除以7余5。这个数最小是多少？

分析：因为4-2=6-4=7-5=2，所以三个除数的最小公倍数-2，就是符合题目条件的最小数。

解：因为[4，6，7]=84，

4-2=6-4=7-5=2，

所以84-2=82。

答：这个数最小是82。

（3）小明家养了一群羊，3只羊在一个羊圈，剩余1只；

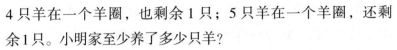

4只羊在一个羊圈，也剩余1只；5只羊在一个羊圈，还剩余1只。小明家至少养了多少只羊？

分析：因为余数都是1，所以三个除数的最小公倍数+1，就是符合题目条件的最小数。

解：因为[3，4，5]=60，所以60+1=61。

答：小明家至少养了61只羊。

（4）某学校有一千五百余名学生，但是不知道具体人数，每9人一排多6人，每7人一排多2人，每5人一排多3人。这个学校有多少名学生？

分析：这道题除数和余数没有关系可寻，要根据"中国余数定理"寻找公倍数的方法进行计算。因为题目中有"一千五百余名学生"的限制，所以要根据题目，计算出符合题意的数值。

解：[7，5]=35，根据$35n \div 9$余6，所以取$35 \times 3=105$；

[9，5]=45，根据$45n \div 7$余2，所以取$45 \times 3=135$；

[9，7]=63，根据$63n \div 5$余3，所以取$63 \times 1=63$。

又因为[5，7，9]=315，

所以（105+135+63）÷315=0……303。

又因为学校有一千五百余名学生，

所以$315 \times 4 + 303 = 1563$。

答：这个学校有1563名学生。

2. 拓展训练题

有一队卫兵，排成5行，末行1人；排成6行，末行5人；排成7行，末行4人；排成11行，末行10人。这队卫兵至少有多少人？

分析：这道题是求四个数的最小公倍数，所以先三三寻找出最小公倍数，再找出符合第四个条件的数。

解：$[6，7，11]=462$，

根据 $462n \div 5$ 余 1，所以取 $462 \times 3 = 1386$；

$[7，11，5]=385$，

根据 $385n \div 6$ 余 5，所以取 $385 \times 5 = 1925$；

$[11，5，6]=330$，

根据 $330n \div 7$ 余 4，所以取 $330 \times 4 = 1320$；

$[5，6，7]=210$，

根据 $210n \div 11$ 余 10，所以取 $210 \times 10 = 2100$。

又因为 $[5，6，7，11]=2310$，

所以（$1386+1925+1320+2100$）$\div 2310 = 2 \cdots\cdots 2111$。

答：这队卫兵至少有 2111 人。

课外练习与答案

1. 基础练习题

（1）有一盒乒乓球，3个3个地数，剩1个；5个5个地数，剩2个；7个7个地数，剩6个。盒子里至少有多少个乒乓球？

（2）小张购进一批玫瑰花准备销售，他将 7 枝包成一束，则剩余 5 枝；将 9 枝包成一束，则剩余 3 枝；将 11 枝包成一束，则剩余 1 枝。小张至少购进了多少枝玫瑰花？

（3）一个数，除以 5 余 2，除以 7 余 4，除以 11 余 8，这个数最小是多少？

（4）有一箱苹果，4个4个地数余3个，5个5个地数余4个，7个7个地数余2个。这箱苹果至少有多少个？

（5）一个数，被3除余1，被5除余3，被7除余6，被11除余8。这个数最小是多少？

2. 提高练习题

（1）韩信让士兵排成3列纵队，余2人；排成5列纵队，余2人；排成7列纵队，余4人。已知士兵人数在300~400人的范围内，这队士兵一共有多少人？

（2）一盒围棋子，3枚3枚地数多1枚，5枚5枚数多1枚，7枚7枚地数多6枚。若此盒围棋子的数量在100~200的范围内，这盒围棋一共有多少枚围棋子？

（3）有一盒乒乓球，8个8个地数，10个10个地数，12个12个地数，最后总是剩下3个。这盒乒乓球至少有多少个？

（4）一支队伍，每排3人，则余1人；每排5人，则余2人；每排7人，则余4人；每排13人，则余6人。这支队伍至少有多少人？

（5）把几十个苹果平均分成若干份，每份9个余8个，每份8个余7个，每份4个余3个。这堆苹果共有多少个？

（6）有不到1000本图书，若按照24本书包成一捆，则最后一捆差2本；若按照28本书包成一捆，则最后一捆还是差2本；若按照32本书包成一捆，则最后一捆是30本。这批图书一共有多少本？

3. 经典练习题

（1）有一筐鸡蛋，当2个2个取、3个3个取、4个4个取、5个5个取时，筐内最后都是剩1个鸡蛋；当7个7个取

时，筐内最后1个也不剩。已知筐里的鸡蛋不足400个，那么筐内原来共有多少个鸡蛋？

（2）一条长长的阶梯，如果每步跨2级，那么最后余1级；如果每步跨3级，那么最后余2级；如果每步跨5级，那么最后余4级；如果每步跨6级，那么最后余5级；只有当每步跨7级时，最后才刚好走完。这条台阶至少有多少级？

答　案

1. 基础练习题

（1）盒子里至少有97个乒乓球。

（2）小张至少购进了705枝玫瑰花。

（3）这个数最小是382。

（4）这箱苹果至少有79个。

（5）这个数最小是118。

2. 提高练习题

（1）这队士兵一共有347人。

（2）这盒围棋一共有181枚围棋子。

（3）这盒乒乓球至少有123个。

（4）这支队伍至少有487人。

（5）这堆苹果共有71个。

（6）这批图书一共有670本。

3. 经典练习题

（1）筐内原来共有301个鸡蛋。

（2）这条台阶至少有119级。